幸福烘焙的第一本書

臉書社團按讚破千食譜精選、社員瘋狂跟做，
網路接單熱門商品、小資創業必學清單！

Jeanica 幸福烘培分享　著

朱雀文化

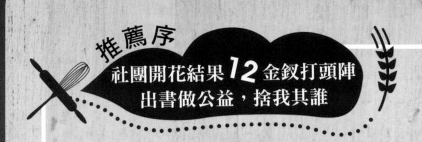

親愛的朋友們，大家好！我是邱嘉慧，「Jeanica 幸福烘培分享」社團的管理員，很高興有這個機會，向大家介紹我們這個「熱心、熱情、熱血」的優質社團。

社團成立於 2015 年，感謝世界各地熱愛烘焙的朋友支持，讓我們社員人數在今年突破 20 萬人！感謝 Jeanica 林家儀社長成立社團，秉持「幸福烘焙，無私分享」精神創社，而社員們也不負社長所望，總是熱心提供食譜，熱情發表留言，熱血解決疑難雜症。

這三年，社團創造不少流行，靠的就是社員之間的口耳相傳、努力實作。老師們不藏私的食譜分享、詳細解說，都可以幫助社員，成功製作出美味的作品。

2017 年 6 月，順利為社團的「愛與恨」老師出版第一本麵包食譜，我的心裡就期盼著，如果可以成功，也要為社團出一本合輯，為 2016 年在社團裡認真分享的老師們留下記錄，並且將版稅捐贈給數個公益團體。大家不但可以留下一本精緻的食譜，也集合眾人力量，為需要幫助的弱勢朋友，注入一股暖流。

在此，非常感謝接受邀請的 12 位老師，提供 36 道值得學習的美味食譜，豐富我們的合輯，並記錄老師們對烘焙的感情。

請容我為大家簡短介紹一下我的「十二金釵」。

> **Blenche Lin**——藝名「核桃麻」，是一位低調的英文老師，真實身分是點閱率頗高的神祕部落客，有研究精神，文字通暢流利，食譜詳細。

> **Peggy Lee**——珮姬老師是一位全職媽媽，每日早起操持家務，專長是把平凡的點心賦予可愛的造型，本人相當美艷，個性卻如同大嬸般親切，有迷人的違和感。

> **Seagirl Shen**——江湖人稱「神老師」，戰袍是「迷你短裙＋馬靴」，笑聲豪邁，除了有雙會寫書的手，她也非常擅長蛋糕麵包。外表堅強，關懷弱勢，其實內心柔軟脆弱，需要被保護。

> **Stephanie Cheng**——娘娘老師，作風低調，個性專注認真，食譜編寫仔細，是一位外冷內熱，幽默風趣的可愛女子。

> **Wendy Hsieh Wendy**——溫蒂老師的粉絲專頁有很多食譜分享，她曾是一位專業賣家，手藝一流，個性大方，熱愛動物，同時在此也感謝溫蒂老師贊助北區拍攝場地！

> **劉曉靜**——個性直爽，常在社團分享她個人的商業配方，教學仔細不藏私，照顧幼兒之餘，認真接單，並常幫助弱勢，愛心滿分。

> **賴寶華**——社團第一把交椅，眾多社員的偶像，常在第一時間給予社員按讚鼓勵，手藝好，個性熱愛分享。

> **李韻如**——不隨便參加社團，家教甚嚴，有研究精神＋精細手工，攝影作品美不勝收。

> **蔡雅雯**——蛋糕捲女王，作品有一種「純粹」的美感，個性直接，其實心中熱情如火。

> **陳靜怡**——幾乎每天開爐，作品多又美，文筆流暢，對自己的性感充滿自信心。除了麵包、蛋糕，舉凡烹飪料理，都表現得可圈可點。

> **林婷**——雖然目前重心轉移至菜園，但我剛認識老師時，是被她示範影片中的廣東歌曲所吸引。手巧心細，專長是畫「漫畫」，勤練的手藝令我佩服！

> **Cindy Yan**——人稱「小星星老師」，腿長人美文筆佳，部落格的食譜分享仔細，也是知名部落客之一。用心編寫的 P.29「常見棉花蛋糕 Q&A」，值得大家研究。

　　社團第一本合輯，由 12 位老師為大家示範 36 道食譜，內容除了有 2016 年每位老師的成名作（按讚數破千），也收錄老師個人推薦食譜，書籍內容豐富精彩，很值得大家收藏。歡迎大家一起發揮愛心——「你購書，版稅我捐！」，我們一起實踐無私分享的社團精神，謝謝大家！

Jeanica 幸福烘培分享 社團
管理員 邱嘉慧

目錄
contents

編按：目錄中標示 ▶ 者，表示有全部或部分示範影片。

蛋糕甜點 PART01

麵包披薩 PART02

嘉慧管管試吃心得分享！59/109/171

餅乾點心 PART03

書中「示範影片」這樣看！

1 手機要下載掃「QR Code」（條碼）的軟體。

Android 版　　　iphone 版

2 打開軟體，對準書中的條碼掃描。

3 就可以在手機上看到老師的示範影片了。

PART01

蛋糕甜點

奶油泡芙

蛋糕甜點

　　能做出這款深受親朋好友「歐樂」的泡芙，其實花了我不少心血。因為愛吃，但坊間又難找到如自己意的口味，加上身旁一堆損友的刺激：「妳一定不會做啦！」於是發起狠來，找遍各種食譜、上網看各家做法，一做再做、一試再試，硬是讓自己做成了！

　　如今，這奶油泡芙，已經是我的心頭好！嘴饞時，立馬烤上一盤，愛吃多少就吃多少！

食譜來源：
參考《德式正統甜點》
（長森昭雄、大庭浩男著）
食譜示範：
蔡雅雯

示範影片看這裡！

份量	約 35 顆
烤盤	42×34×3 公分
烤箱	烘王
烤溫	上火 220℃ ／ 下火 160℃
烘烤時間	35 分鐘
最佳賞味期	冷藏 3 天，冷凍 14 天

材料

泡芙體
無鹽奶油	85 克
鮮奶	250 克
低筋麵粉	130 克
高筋麵粉	40 克
鹽	一小撮
雞蛋	約 6～7 顆

內餡
鮮奶	250 克
砂糖	75 克
動物性鮮奶油	65 克
低筋麵粉	20 克
玉米粉	20 克
無鹽奶油	20 克
雞蛋	100 克
香草莢	半支
（或香草精少許）	

做法 Step by Step

泡芙體

1
低筋麵粉和高筋麵粉一起過篩備用,雞蛋置於室溫備用。

2
將無鹽奶油、鮮奶及鹽置於厚底鍋中,加熱煮至沸騰後熄火。

3
加入過篩後的粉類,以木匙將麵粉攪拌均勻至成團。

Tips
選擇木匙是因為較為耐高溫、好操作。

4
將厚底鍋重新放回爐火上,以小火加熱持續攪拌,直至鍋子邊有薄薄的麵糊膜即可離火。置於一旁降溫至 60℃ 左右。

5
室溫的雞蛋一次打散一顆,倒入麵團裡,以木匙攪拌均勻。直到提起木匙麵糊能夠呈現滑順的倒三角型即可。

6
預熱烤箱。擠花袋加入齒狀(可依個人喜好替換)擠花嘴,將麵糊裝入。

7
在烤盤上擠出直徑約 5 公分的麵糊,每顆麵糊中間要保持一點距離,避免泡芙膨脹後黏在一起。

8
確認烤箱已達預熱溫度,放進烤箱烘烤約 35 分鐘,盡量讓泡芙麵糊的裂紋處也都上色,這樣才能保持酥脆。

B
卡士達內餡

9
將內餡材料中的鮮奶及動物性鮮奶油混合後,加入細砂糖和香草莢,用小火煮至細砂糖融化。

10
低筋麵粉和玉米粉過篩,置於大鍋中,加入雞蛋攪拌均勻。

11
將步驟 9 的鮮奶慢慢倒入步驟 10 的蛋液裡,一邊倒一邊攪拌均勻。

因鮮奶還在微溫狀況，如果一口氣全下，容易使雞蛋煮熟。所以要徐徐倒入，全程以手持打蛋器攪拌。

12 將拌勻後的鮮奶蛋液過篩一次，藉以確保內餡成品細緻滑順，並挑出香草莢。

13 將步驟 12 的鮮奶蛋液重新加熱，持續快速攪拌直至麵糊起泡後離火。

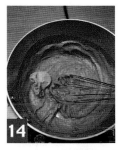

14 最後加入無鹽奶油、香草精（可省）攪拌均勻，冷卻備用。

C 組合

15 完全冷卻的泡芙從中間水平切開。

16 將卡士達醬擠滿泡芙內。

17 再蓋上上層的泡芙，然後撒上防潮糖粉（可省）即可。

雅雯貼心話

1 泡芙是經由麵糊糊化使其飽含水分，再利用高溫烘烤水蒸氣的力量使麵糊膨脹，所以糊化麵糊的時候，也就是奶油與牛奶加熱的步驟一定要確認液體達沸騰溫度才會足夠。

2 步驟 4 糊化完成的麵糊要稍微降溫至 60℃ 左右再開始加入蛋液，麵糊溫度太高會使雞蛋煮熟，影響成敗。

3 在烘烤過程中請盡量不要開烤箱，烤箱開開關關會使溫度下降，導致泡芙消風，建議等泡芙完全定型後才開烤箱掉頭烤盤，此動作能讓泡芙烤色更加均勻。

雙色拉花
輕乳酪

蛋糕甜點

　　愛上烘焙前，最愛的就是咖啡。老公婚前追求我時，為了投我所好，總會刻意挑特色咖啡館約會，那時，最讓我眼睛為之一亮的，便是咖啡館的拉花了。

　　在各式各樣的拉花中，我對輕乳酪蛋糕上這款拉花最為喜愛，有別其他樣式的化俏，它反而有種清新脫俗的氣質。在學會輕乳酪蛋糕後，便上網研究了許多咖啡拉花的影片，想在平淡的口味中，做一點點變化。由於蛋糕麵糊的比重與咖啡不同，不能以相同手法處理，於是開始了一連串的實驗，但就在無數次失敗中，不斷堅持、不斷挑戰，最後，這份雙色拉花輕乳酪蛋糕，終於完美呈現在你們面前了！

食譜來源：
核桃麻

食譜示範：
核桃麻

示範影片看這裡！

份量	6 吋
烤盤	6 吋活動烤模
烤箱	Dr. Goods
烤溫	第一階段： 上火 180℃ ／下火 100℃ 第二階段： 上火 150℃ ／下火 100℃
烘烤時間	第一階段：15 分 第二階段：55~65 分
最佳賞味期	冷藏 5 天，冷凍 14 天

材料

奶油乳酪	125 克
牛奶	70 克
無鹽奶油	25 克
低粉	15 克
玉米粉	10 克
砂糖	40 克
蛋白	2 個
蛋黃	2 個
可可粉	3 克
檸檬汁	少許

做法 *Step by Step*

A

前置作業

1

6吋活動烤模先均勻抹上無鹽奶油（脫模後邊緣會較為整齊好看），再於底部舖上同樣大小的烘焙紙備用。

B

蛋黃糊

2

預熱烤箱。將奶油乳酪、奶油及牛奶放入鋼盆中，隔水加熱融化，以手持打蛋器攪拌均勻。

3

將低筋麵粉、玉米粉過篩加入乳酪糊中，攪拌至無顆粒。

4

再一次一顆加入蛋黃，拌勻再加下一顆，完成蛋黃糊後可先放在熱水中隔水保溫。

C

蛋白霜

5

冷藏蛋白放入乾淨無水無油鋼盆中，以電動攪拌器高速打發，分三次加糖，第一次加糖時加入檸檬汁。

Tips

第三次加入糖，攪拌器改為低速，蛋白霜打至濕性大彎勾。打發不足烘烤完會上下分層；打發過度則烘烤易裂。

D

蛋糕體麵糊

6

將1/3蛋白霜加入蛋黃糊中拌勻。

7

再倒入剩下蛋白霜。

8

以刮刀切拌畫圓方式拌勻。

9

將麵糊分兩份（約1:1）。

10

其中一份加入過篩的可可粉。

Tips

可可粉容易導致消泡，因此攪拌要輕且不要太久。

14

11 從烤模兩側同時把麵糊倒入，敲二下，震出大氣泡。

12 用筷子從 2 色交界處畫 S 型線條。

13 再由上而下畫出直線。

E 烘烤

14 將烤模放入深烤盤中，烤盤內放水，水深 1 公分，以水浴法烘烤。

活動烤模外頭要包上鋁箔紙或使用大小適合的圓形鋁箔盒。烤箱火弱可使用溫熱水；烤箱火旺則可直接使用冷水。

15 確認烤箱預熱完成，放進烤箱下層，先烘烤 15 分鐘，再轉上火 150℃／下火 100℃ 烘烤 55 ～ 65 分鐘。

當表面有小細紋就將烤箱門開小縫烤，可防止大裂，也較易烤乾底部。

16 出爐後輕敲一下就可以離模，等約 5 ～ 10 分鐘再脫模即可。

核桃麻貼心話

1 烘烤時間因烤箱而異，烤溫只能參考，每台烤箱火力都有落差，即使相同品牌也一樣哦！判斷烤熟標準，觀察蛋糕有點離模即可。

2 玉米粉可於製作蛋黃糊時，與低筋麵粉一起過篩；也可打蛋白霜時，在糖加完之後過篩加入，端視個人習慣，加入一次即可。

3 蛋黃糊處理好之後，要先放在熱水中隔水保溫，如果蛋黃麵糊冷掉，會凝固結皮，與蛋白霜結合後，蛋糕烤出來會沉澱，口感變差。

4 為了要有明顯的花紋比例，要不要倒入全部麵糊，製作時可自行斟酌。拉花要清楚，蛋糕糊需一定濃度，不建議改配方哦！

5 放涼冰過再食用，口感更好。切面要美，可用熱刀切片（泡熱水或火烤均可）。

檸檬杯子蛋糕

蛋糕甜點

以陳佳芳老師的配方來做變化，將我最喜歡的檸檬加進去，並以低溫烘烤顯現香氣。雖然較花時間，但烤好的蛋糕體成品軟綿潤口，多了酸甜清爽的香氣，是我最常烤來送親友的伴手禮。

示範影片看這裡！

食譜來源：
陳佳芳
食譜示範：
林婷

份量	17 杯（5039 大號捲口紙杯）
烤箱	Dr.Goods
烤溫	第一階段：上下火 110℃ 第二階段：上下火 120℃ 第三階段：上下火 130℃ 第四階段：上下火 150℃
烘烤時間	第一階段：15 分鐘 第二階段：15 分鐘 第三階段：10 分鐘 第四階段：6 分鐘
最佳賞味期	冷藏 3 天

材料

蛋糕體

蛋黃	6 顆
細砂糖	36 克
植物油	48 克
鮮奶	60 克
檸檬汁	15 克
低筋麵粉	140 克
香草精	1/2 小匙
檸檬皮屑	1 顆

蛋白霜

蛋白（冷藏）	6 顆
細砂糖	60 克
檸檬汁	少許

內餡

動物性鮮奶油	100 克
細砂糖	10 克

做法 *Step by Step*

A 蛋黃糊

1

蛋黃、細砂糖放入鋼盆中。

2

以手持打蛋器打至糖融化。

3

將植物油、鮮奶放入小鋼盆，將 2/3 倒入步驟 2 中拌勻。

4

將檸檬汁全部倒入步驟 3。

5

接續將鋼盆的材料攪拌均勻。

6

將過篩的低筋麵粉加入步驟 5 中，攪拌至無顆粒狀。

7

將剩餘的 1/3 植物油鮮奶液、香草精加入，攪拌均勻。

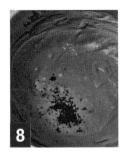

8

最後加入檸檬皮屑拌勻，置於一旁備用。

B 蛋白霜

9

冷藏蛋白加糖，以電動攪拌器打成有小彎勾的濕性蛋白霜（做法請見 P.60），再以低速打 30 秒讓蛋白霜穩定。

C 蛋糕麵糊

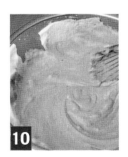

10

將蛋白霜與蛋黃糊混合（做法請見 P.61），完成蛋糕麵糊。

11

蛋糕麵糊拌勻後，放入擠花袋中。

烘烤

12
將蛋糕麵糊擠入紙杯約 9 分滿。入爐前輕震兩下，以震出麵糊內的大氣泡。

13
入爐前以竹籤刺破表面氣泡，確認烤箱已達預熱溫度，放進烤箱底層烘烤約 15 分鐘蛋糕表面上色後，依 P.17 烤溫逐步烘烤，關火後燜 3 分鐘，開小縫 3 分鐘，即可出爐。

14

15
出爐後輕震兩下斜放至涼。

E
內餡

F
裝飾

16
將動物性鮮奶油加入細砂糖後打發，冷藏至少 30 分鐘，再裝入擠花袋備用。

17
取擠花嘴，在放涼後的杯子蛋糕中間施力輕壓。

18
將壓痕處的蛋糕挖出。

19
擠入打發的鮮奶油。

林婷貼心話

1 蛋黃糊攪拌時千萬不能過度，以免出筋，導致烘烤後出筋會膨不起來，甚至呈現「粿」狀。

2 將蛋糕糊裝在擠花袋填入杯中，較易操作。

3 送進烤箱前，除輕震烤盤外，用竹籤將表面的氣泡戳破，可烤出完美表面。

4 低溫慢烘，成品才能保持膨度，不回縮，烤出不裂痕的表面。

5 置涼時斜放，目的是讓成品不內凹。

6 內餡可選自己喜歡的口味，只要在打好內餡之後，加入 7 克的可可粉或抹茶粉等，就可以變化口味。

20
撒上防潮糖粉。

21
最後再撒上些許檸檬皮即可。

紙箱蜂蜜蛋糕

蛋糕甜點

　　身為台中人，對於蜂蜜蛋糕的記憶是老店的那種香、Q，有點濕潤的口感。「核桃」出生時，因為自己對蜂蜜蛋糕的喜愛，還曾打電話詢問是否可訂做彌月禮盒。沒想到因為平常也要排 1、2 個小時才買得到，現場都不夠賣了而被婉拒了，有點小小遺憾。

　　自己學做烘焙後，一直找好吃、簡單又易成功的「蜂蜜蛋糕」食譜，試了好多的食譜，最後在一個英文網站看到了一個不加油和乳化劑的傳統大然的手法，於是開始了我一連串的蜂蜜蛋糕實驗。因為入門的時候是小烤箱，放不下木框，就特別自製了一個紙箱，沒想到效果極佳，反覆試驗調整配方烤溫後，終於做出懷念的口感，而這款蛋糕更成為我家人的最愛！

食譜來源：
調整多家配方，訂出自己最喜歡的食譜。

食譜示範：
核桃麻

示範影片看這裡！

材料

蛋白	8 顆
檸檬汁	少許
細砂糖	120 克
玉米粉	20 克
蛋黃	9 顆
蜂蜜	45 克
高筋麵粉	110 克
牛奶（置於常溫）	40 克

自製烤模	長 20x 寬 20x 高 8 公分
烤箱	Dr. Goods
烤溫	第一階段： 上火 150℃ / 下火 140℃ 第二階段： 上火 150℃ / 下火 130℃
烘烤時間	第一階段：15 分鐘 第二階段：60 ～ 70 分鐘
最佳賞味期	常溫 2 天，冷藏 4~5 天

A 製作紙箱

B 全蛋糊

1

依 P.24「核桃麻不藏私」之「蜂蜜蛋糕紙箱自己做！」製作出紙箱。

2

預熱烤箱。將冷藏蛋白放入的無水無油鋼盆中。

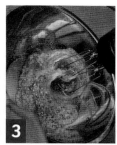

3

用手持電動攪拌器以高速打 20 秒。

4

將檸檬汁加入。

5

糖分 3 次加入，先加 1/3 的糖，繼續高速打發。

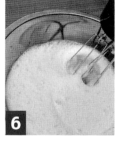

6

打到蛋白霜出現紋路時，加第 2 次細砂糖 (約 1/3)，繼續高速打發。

7

第三次加糖時，同時加入過篩過的玉米粉。

Tips

用攪拌機攪打易引起粉類紛飛，建議以手持打蛋器先將粉類先行攪勻。

8

改成低速繼續打發。

9

直至蛋白打到尖挺的硬性發泡狀態。

10

將蛋黃一次一顆加入蛋白霜中，以手持打蛋器打勻再加下一顆。

Tips

完美的麵糊應呈現漂亮光澤感，滴落時滑順有皺褶。

11
將蜂蜜加入全蛋糊中，以手持打蛋器打勻，勿過久會消泡。

12
將過篩過的高筋麵粉，分 2 ～ 3 次加入全蛋糊中，以打蛋器拌到沒有顆粒為止。

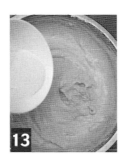
13
將常溫牛奶加入麵糊中。

14
以刮刀切拌均勻。

D
烘烤

15
鋼盆提高至 20 公分的高度，將麵糊倒入紙箱烤模。

16
紙箱在桌面敲幾下，再以筷子來回畫過，排出麵糊內大氣泡。

17
確認烤箱已達預熱溫度，先烘烤 15 分鐘，再 轉 為 上 火 150℃/下火 130℃ 烘烤 60 ～ 70 分鐘。

18
出爐後倒扣在鋪有耐熱保鮮膜的桌上，取下紙盒撕開四周的烘焙紙（保留底部），再包上保鮮膜，放涼至少 1 小時後再切。

核桃麻貼心話

1 如果使用國際 NB-3200H 烤箱，建議置於烤箱下二層，以上火 160℃/ 下火 150℃ 先烤 15 分鐘；再調到上火 180℃/ 下火 140℃，續烤 55 ～ 60 分鐘出爐。

2 蛋選帶殼約 60 克大小，太大太小對配方有影響。蛋若是很新鮮，或者是打蛋白高手，檸檬汁可省略。檸檬汁要新鮮的，且不含果皮的油脂才有穩定打發的效果。

3 烘焙紙可用白報紙取代，固定烘焙紙的小夾子，進烤箱之前要記得拿掉哦！烘烤時間溫度因烤箱而異，請多嘗試。可以用手拍蛋糕，確認是否烤熟，沒有沙沙聲可以出爐了。上下火都不能太高，以免上面太早結皮或周圍已經焦了，中間卻烤不透。

4 蛋糕有點高度，取掉紙箱有點縮腰沒關係，切完邊不影響口感哦！

核桃麻不藏私

示範影片看這裡！

蜂蜜蛋糕紙箱自己做！

蜂蜜蛋糕的滋味真正好，想要經常吃到這美味的蛋糕，不妨自製一個蛋糕紙箱，才不會等到要用時手忙腳亂哦！而且擁有這個紙箱，以後再做蜂蜜蛋糕，只要換掉烘焙紙就可以囉！

做法 Step by Step

1 瓦楞紙裁出長 20X 寬 20X 高 8 公分的正方形紙盒。

2 用釘書機將四邊釘起固定。

3 用烘焙紙量出約 40 公分（可以蓋過底面積＋兩邊高度）的長度，撕下備用。

4 先將烘焙紙摺出同底面積的形狀。

5 將部分線條剪開，以利鋪在紙盒底部。

6 將剪好的烘焙紙鋪在紙盒底部。

7 裁一張 20X40 公分長的烘焙紙。

8 鋪在紙盒未覆蓋到的地方，四周用不鏽鋼的小夾子夾上，就完成了。

關於核桃麻

一腳踏進無悔的烘焙之路

會踏上烘焙這條不歸路，全拜核桃之賜。

核桃，是我的心肝寶貝，因為工作忙碌之故，核桃不滿 34 週就出來了。早產兒的她，出生時還不到 2000 公克，而且從小至今，生長曲線從來沒有標準過。為了讓核桃吃得健康、多長點肉，讓我從原本連飯都不太會煮的外食族，開始走進廚房洗手做羹湯，從副食品從頭學起。

接觸烘焙是在核桃開始長牙的時候，那時她正值口慾期，抓到什麼東西都愛咬，同事建議我做麵包、餅乾，我聽了二話不說，趕緊買了烤箱開始研究，在嘗試過程中，也意外闖進了「Jeanica 幸福烘焙分享」社團溫暖的懷抱裡。

因工作和家務之故，常常只能在深夜裡烘焙與爬文學習，原以為渡過了核桃的口慾期，烤箱就會被我束之高閣，沒想到卻一頭栽進這烘焙的奇幻世界，因為我發現，烘焙的過程中，是我最放鬆、最療癒的時刻。這一路走來，我從一開始常把餅乾烤焦、把蛋糕烤壞，到現在隨手就能烤出一個個美到不行的蛋糕，這之間經過自己不斷的嘗試與努力，竟意外發現不服輸的個性與堅韌無比的耐心，而讓我感到最療癒的畫面，就是家人吃得開心的笑容。

我愛深夜裡一個人窩在廚房，靜靜滑著手機，看著社團裡大家的分享；也愛週末假日陽光灑下來的午后，在家裡烘烤著核桃最愛的戚風蛋糕；更愛在社團、在部落格，分享著自己烘焙的點點滴滴。

感謝所有認同我的朋友們，因為有你們的鼓勵，讓我的烘焙之路走得更扎實；因為有你們的支持，讓我一路無悔！

這裡找得到核桃麻！

可可咖啡雙重奏棉花蛋糕

蛋糕甜點

　　我很少喝咖啡，因為不太習慣它的酸味和苦澀感，可是卻很喜歡咖啡香氣瀰漫在空氣中的味道。製作這款巧克力和咖啡混在一起的蛋糕，口感果然豐富又有層次，尤其冰過更好吃，吃起來不會苦，是大人風味的成熟滋味。如果想要咖啡味道再重一些，可把咖啡粉增至 5 克，但是建議不要增加過多，以免搶了巧克力的風采。

食譜來源：小星星
食譜示範：小星星

份量	6 吋一個
烤盤	6 吋活動烤模
烤箱	水波爐
烤溫	第一階段：上下火 170℃ 第二階段：上下火 150℃
烘烤時間	第一階段：10 分鐘 第二階段：45 分鐘
最佳賞味期	冷藏 5 ～ 7 天

材料

燙麵糊

低筋麵粉	45 克
植物油	40 克
無糖可可粉	15 克

蛋黃糊

蛋黃	3 顆
全蛋	1 顆
即溶咖啡粉	3 克
牛奶（微溫）	50 克

蛋白霜

蛋白	3 顆
砂糖	60 克
檸檬汁或白醋（可省略）	1/4 小匙

做法 Step by Step

A 燙麵糊

1 將即溶咖啡、牛奶放入大碗中,混合均勻成咖啡牛奶。

2 將蛋黃、全蛋加入咖啡牛奶中,攪拌均勻備用。

3 植物油倒入無油無水的乾淨鍋子中,以小火慢慢加熱,待油產生油紋後,關火。

4 立刻倒入過篩好的低筋麵粉和無糖可可粉,迅速攪拌成滑順無粉粒狀的麵糊。

5 待燙麵糊稍微降溫後,將步驟 2 的蛋黃糊倒入,拌勻後備用。

B 蛋白霜

6 依 P.60〈濕性蛋白霜這樣打!〉製作蛋白霜,打出有小彎勾狀。

C 蛋糕體麵糊

7 依 P.61〈蛋白霜與蛋黃糊混拌這樣做!〉完成蛋糕體麵糊。

8 鋼盆提高至 15 公分的高度,倒入烤模至 7 ～ 8 分滿。

9 將烤模在桌面敲一下,震出大氣泡,表面氣泡可用牙籤戳破。

10 烤模放入圓形鋁箔盤內,外頭再加一深烤盤,深烤盤注入熱水,至少淹過烤模 2 公分高。

D 烘烤

11 確認烤箱已達預熱溫度,放進烤箱下層先烘烤 10 分鐘,再調成上下火 150℃ 烤 45 分鐘。以竹籤刺入,取出後確認乾淨無沾黏即可出爐。

12 烘烤完成後,在烤箱裡燜 5 分鐘再取出,放在烤架上冷卻即可。成功的蛋糕會內縮一點,完全冷卻後很容易脫模。

常見棉花蛋糕 Q&A

近幾年來棉花蛋糕深受許多人喜愛，她入口即化、類似輕乳酪蛋糕的濕潤口感，真的很迷人。不過這款蛋糕在製作上有一些小訣竅，我綜合了自己及網友們失敗的經驗提供出來，希望大家仔細研讀，突破障礙，一口氣做出漂亮又好吃的棉花蛋糕！

Q 要用什麼油？

植物油和奶油都可以，用植物油比較清爽，用奶油比較香。植物油盡量選用無味道的，例如葡萄籽油、葵花籽油之類的，味道太重的，例如橄欖油、麻油等，會搶了蛋糕本身的風味，所以不太適合。

Q 燙麵的油溫？

使用燙麵法是為了把麵筋燙軟、降低硬度，增加吸水率，讓蛋糕質地更柔軟可口。

如果用植物油，油在加熱期間，愈來愈熱的時候，可以看到鍋內油紋愈跑愈快，就可以關火了，此時測得油溫約 90℃ 左右，這時倒入麵粉，麵粉和油接觸時會起泡，有滋滋作響的聲音。油加熱過頭，麵粉倒入會焦，整鍋壞掉就不能用了。油溫太低的話，麵粉倒進去不會有聲音，無法有效將麵筋燙軟，就失去燙麵的意義。

如果是用無鹽奶油，就把奶油切小塊放入乾淨鍋子裡，用小火慢慢加熱融化，煮到出現大泡泡就可以關火，把過篩的粉類倒入，迅速攪拌均勻。

Q 蛋白霜要打到多發？

打到濕性發泡就好（尾巴呈現小彎勾狀），這樣比較好拌勻，口感較濕潤，烘烤到一半表面開花的機率也會降低。

Q 防水用具

若用活動底模以水浴法烘烤，必須在烤模外包鋁箔紙 1～3 層，或是直接使用鋁箔盤，防止水跑進烤模內。小心使用一個鋁箔盤可以用好久都不會壞。

Q 水要放在哪裡？

通常做水浴法的時候，都是在烤模外面包一層鋁箔紙，然後把這個包了鋁箔紙的蛋糕模放在深烤盤，再把水注入深烤盤。常看我食譜的人應該會發現，我會多放一個不鏽鋼深盤當作裝水容器，而不是把水裝在深烤盤裡，因為我覺得以這樣的裝水方式，拿烤盤時，比較不會把水灑出來，如果沒有深烤盤的人，也可以參考這個方式裝水。

有二種方法，都可以參考看看：

(A) 蛋糕模→鋁箔紙（盤）→耐熱深盆（裝水）→烤盤

(B) 蛋糕模→鋁箔紙（盤）→烤盤（裝水）

原味戚風蛋糕

蛋糕甜點

　　新年開工第一天，老公指明開爐菜色──原味戚風。他說：「簡單的蛋糕永遠吃不膩！」殊不知要做成「又膨、Q彈，加上濕潤口感，其實是『功夫菜』啊！」

　　在社團偶有烘友會戲稱戚風蛋糕為「淒瘋蛋糕」，我也不例外經歷過好長的「淒瘋」時期，但老公和女兒太喜愛原味戚風，所以從未曾想過放棄。白天工作無法去上烘焙課，那便在無數夜深人靜的時候，靠爬文看書自學，經過數十顆實驗，調配方、調烤溫，終於做出口感濕潤且外型漂亮的心血結晶了。

食譜來源：
調整多家配方，訂出自己最喜歡的食譜。

食譜示範：
核桃麻

示範影片看這裡！

材料

蛋黃	3 個
牛奶	55 克
植物油	40 克
低筋麵粉	50 克
蛋白	3 個
細砂糖	45 克
玉米粉	10 克
檸檬汁	少許

份量	6 吋
烤箱	Dr. Goods
烤溫	第一階段： 上火 170℃／下火 120℃ 第二階段： 上火 155℃／下火 120℃
烘烤時間	第一階段：6～7 分鐘 第二階段：28～30 分鐘
最佳賞味期	常溫 2 天，冷藏 4～5 天

做法 Step by Step

A 燙麵糊

1 預熱烤箱。植物油和牛奶放入鋼盆中。

2 以小火加熱，同時攪拌到油水融合，微燙關火。

3 加入過篩低筋麵粉，由鋼盆中心向外攪拌均勻至無顆粒。

4 蛋黃一次一顆加入麵糊中攪勻，每攪勻一顆，再放入下一顆，完成燙麵糊。

B 蛋白霜

5 將冷藏蛋白放入無水無油的鋼盆中。

6 用手持電動攪拌器以高速打 20 秒。

7 將檸檬汁加入。

8 分 3 次加細砂糖，前 2 次加入後，均以高速打發。

9 最後一次加糖，連同玉米粉一起加入，並將攪拌器改低速打到偏乾性發泡狀態。

Tips 加入玉米粉，可以用手持打蛋器先大致混拌，以免改用手持電動攪拌器時，玉米粉會飄散起來。

C 蛋糕體麵糊

10 將蛋白霜與蛋黃糊混合（做法請見 P.61），完成蛋糕體麵糊。

11 鋼盆提高至 15 公分高度，將麵糊，倒入烤模至 7～8 分滿。

烘烤

12

烤模在桌面輕敲，震出大氣泡，表面氣泡以牙籤戳破。

13

確認烤箱已達預熱溫度，放進烤箱第二層，先烘烤約 6 ～ 7 分鐘後，取出蛋糕畫線。

14

再降低烤溫，以上火 155℃/ 下火 120℃ 烤溫繼續進行烘烤約 28 ～ 30 分鐘。出爐馬上重敲一下，倒扣到蛋糕涼透為止。

15

用手向內輕撥脫模，再輕壓側面脫底，完成。

核桃麻貼心話

1 若家中使用的是 NB-H3200 的烤箱，建議置於烤箱中層烘烤，以上火 200℃/ 下火 120℃ 先烘烤 8 ～ 9 分鐘後畫線；再降低烤溫至上火 160℃/ 下火 120℃，續烤 33 ～ 35 分鐘出爐。

2 蛋若是很新鮮，或者是打蛋白高手，檸檬汁可省略。檸檬汁要新鮮的，且不含果皮的油脂才有穩定打發的效果。

3 植物油勿選有強烈氣味的，如：橄欖油、花生油等都不建議。

4 烤溫及烘烤時間第一次可依食譜進行，若成品有問題，再依下列各點做調整，畢竟因使用習慣及每台烤箱性能不同，而有所差別。

A. 前段上火高溫是為了結皮好畫線，畫線是為求裂得平均漂亮。畫線的時候，烤箱門勿關。

B. 後段上下火都不要太高。下火調低的目的是不要讓糕體烤過乾；上火低則是不要過早烤乾表面，而使得內部的水氣烤不透。

C. 出爐時蛋糕很膨，但倒扣後表面就慢慢內凹，主要原因是內部水氣沒烤透，可脫模後觀察側面，若有焦色，是下火太高，或烤過久；側面白皙，就是上火太大，或時間不足。下次再調整烤溫。

D. 脫模屁股上凹可能是升溫太快（可多墊一個底盤）；或上下火溫差太大，也可能凹底。

E. 用烤盤烤的話，烤盤不可以預熱。烤盤和蛋糕一起進烤箱，不然易凹底。

F. 確認是否烤熟，可以用手拍蛋糕，沒有沙沙聲就可以出爐了。

5 蛋白的打發、蛋黃的乳化及拌勻的作業也要很確實仔細，不然就算烤溫調得好，還是會失敗哦！

6 沒有上下火，建議用後段均溫烤到底，畫線時間可以晚一點。

乳酪大鼓燒

蛋糕甜點

　　一看到羅爸分享的這款小點心，發現竟然只要兩顆蛋，就能擁有這樣的美味，而且烘烤時間不用多，不論是夾餡或單吃，都很美味。二話不說，立馬動手做！果然，一試成主顧！家裡的大人小孩都愛吃！

　　而它也是我最愛的午茶小點心，尤其是二五好友來時，一杯咖啡、一盤大鼓燒，陪我們度過美好的午茶時光。

食譜來源：
羅爸（羅羅愛的點心）
食譜示範：
林婷

示範影片看這裡！

份量	8 份
烤箱	Dr. Goods
烤溫	上火 160℃／下火 180℃
烘烤時間	15 分鐘
最佳賞味期	冷藏 3 天

 材料

蛋黃糊

蛋黃	2 個
植物油	26 克
低筋麵粉	32 克
玉米粉	6 克
鮮奶	45 克

蛋白霜

蛋白	2 個
細砂糖	30 克
檸檬汁	少許

內餡

動物性鮮奶油	100 克
細砂糖	20 克
馬斯卡邦乳酪	80 克
蘭姆酒	少許

A 事先準備

1
烤盤上抹上薄薄奶油。

2
將高筋麵粉倒入篩網內，在烤盤上均勻撒上薄薄一層防沾。

3
將多餘高筋麵粉倒出。

4
以量米杯在粉上壓出圓圈（約16～17個）。

B 燙麵糊

5
將蛋黃與鮮奶置於鋼盆中攪散備用。

6
將植物油倒入厚底鍋中，以小火加熱。

7
當植物油出現油紋後關火，並將過篩的低筋麵粉及玉米粉倒入，攪拌至無顆粒。

8
將步驟5的蛋黃鮮奶液，分兩次倒入，每倒一次就拌勻一次，直至拌成完美的燙麵蛋黃糊備用。

C 蛋白霜

9
將冷藏蛋白放入鋼盆中，用手持電動攪拌器打出粗泡後，加入檸檬汁和1/3細砂糖，續打約40秒。

10
接著加入第2次1/3的細砂糖，再以中速打約40秒。

11
加第3次1/3的細砂糖後，以中速先打80秒，打出細緻蛋白霜後，再轉低速打20秒，此時蛋白霜呈中勾狀的濕性發泡狀態。

D 蛋糕體麵糊

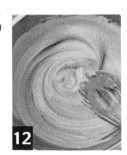
12
取1/3的蛋白霜加入蛋黃糊中，切拌均勻後，再倒入剩餘的蛋白霜中，切拌均勻後，裝入擠花袋中備用。

13
完成蛋糕麵糊裝入擠花袋中備用。

14
手持擠花袋,以垂直不移動手的方式將麵糊擠在圓圈中。

15
麵糊擠完之後,進烤箱前輕震兩下,震出麵糊裡的氣泡。

16
確認烤箱已達預熱溫度,放進烤箱第二層,烘烤約 15 分鐘後,關火再燜 3 分鐘,表皮乾爽不黏手,就可出爐,取出輕震一下。

17
稍涼即可從烤盤上取出,將蛋糕膨起面朝下放涼。

E 內餡

18
將動物性鮮奶油、細砂糖放入鋼盆後打發,加入馬斯卡邦乳酪及少許蘭姆酒拌勻即可,置於冰箱冷藏30 分鐘以上再使用。

F 組合

19
蛋糕放涼後取一片蛋糕,底部朝上,擠上適量內餡。

20
再蓋上另一片蛋糕即可。

林婷貼心話

1 如果想做點變化,還可以做巧克力口味。讀者可以在步驟 7 加入 5 克的無糖可可粉一起過篩,其他後續步驟不變!

2 整個打發蛋白霜時間共為中速 2 分 40 秒、低速 20 秒。

3 只要仔細在烤盤上塗抹奶油、撒粉,並拍掉多餘的高筋麵粉,大鼓燒表面就能烤得光滑平順。

4 如果烤完會黏皮,可以加長燜的時間(約 1 ～ 2 分鐘)。

5 烤溫 / 時間僅供參考,顧爐記錄很重要。

6 這款蛋糕冷藏著吃很好吃,冰凍後略微解凍 10 分鐘,就擁有像冰淇淋的口感!

無麵粉 起司蛋糕

蛋糕甜點

此款起司蛋糕，做法非常簡易且無需添加麵粉，入口即化。有別於常見的起司蛋糕，滋味更是不同凡響，只要直接將材料放入調理機或果汁機內，按下開關，半小時內即可將美味的起司糊送入烤箱做熱水浴，不需清洗成堆的工具。對於忙碌的媽咪們，是個最輕鬆的口袋食譜！

食譜來源：
Wendy
食譜示範：
Wendy

示範影片看這裡！

份量	6 吋
烤盤	6 吋分離式烤模
烤箱	Dr.Goods
烤溫	上火 170℃／下火 150℃
烘烤時間	35 ～ 45 分鐘
最佳賞味期	冷藏 5 天

材料

消化餅乾	90 克
檸檬汁	15 克
砂糖	55 克
可可粉	1 克
雞蛋（室溫）	2 顆
無鹽奶油（室溫）	20 克
奶油乳酪（室溫）	300 克
原味優格（含糖）	40 克

做法 Step by Step

A 蛋糕底

1
預熱烤箱。將消化餅乾與無鹽奶油一起放入調理機中打成砂粒狀。

2
餅乾粉倒入鋪了烘焙紙的分離式烤模中,以湯匙壓緊。放進預熱烤箱(同蛋糕烤溫)烘烤約 7 ～ 8 分鐘,放涼備用。

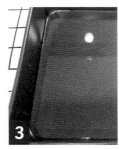

3
在大烤盤中,倒入高約 1 公分的冷水,放進烤箱中以上火 170℃、 下 火 150℃ 預熱至少 15 分鐘。

B 起司糊

4
將奶油乳酪、砂糖、優格、雞蛋及檸檬汁全部放入調理機中。

5
將步驟 4 的材料,打成光滑無顆粒的起司糊。

6
取 約 15 ～ 20 克的起司糊與可可粉(或融化巧克力)拌勻備用。

7
將起司糊全部倒入已冷卻的餅乾底烤模中。

8
將烤模左右搖晃使其平整,並在桌面敲上數下,震出大氣泡。

9
隨意將可可起司糊置於起司糊中。

10
以筷子在起司糊上畫紋路。

C 烘烤

11
6 吋烤模放入小烤盤中,再一起放入步驟 3 已預熱好的大烤盤裡。

12
同烤溫烤 35 ～ 45 分鐘,時間到搖晃蛋糕,中心點無液體感即出爐,冷卻後冷藏至少 4 小時脫模。

Wendy 貼心話

1 消化餅乾可用手或放入塑膠袋內以擀麵棍弄碎再與軟化奶油拌勻。起司糊也可以打蛋器或攪拌機操作,若有顆粒請過篩後使用。可可粉可用巧克力磚融化代替。

2 蛋糕入烤箱烘烤時採取的水浴法,可以一開始就以冷水直接入烤箱預熱,減少被燙傷的危險。

3 脫模時,可用熱毛巾或吹風機將烤模周圍稍微加熱後,較易脫模。起司糊如有顆粒請過篩後使用。

4 烘烤時表面上色太快要蓋鋁箔紙或烘焙紙,以免表面烤太乾而裂開。

關於 Wendy

烘焙路上,有家人真好!

　　如果我今天在烘焙上,有一點點小小的成就,我想,最該感謝的是我的家人。

　　3 年多前,應妹妹的要求,用 7 公升的小烤箱,做了人生第一個司康,雖然那時做出來的成品,現在看來非常粗糙,但是我卻從過程中得到相當多的成就感。換了大烤箱後,我對烘焙更加狂熱。在媽媽的建議下,報名了證照班;而為了練習證照班考試題目,爸爸更送了我一台專業的烤箱,當吊車將烤箱吊到頂樓安置好、我拿到證照時,心中的感動無以復加。

　　考上證照後,在 FB 以「T.C.Bakery」為品牌,開始販售手工甜點。「T.C.Bakery」從無到有,最要感謝的仍舊是我的家人,他們除了是我的試吃大隊,更是我強大的智囊團。尤其在思索如何將產品與包材做結合、計算成本與報價時,家人們總是不吝分享他們的想法,給予最真誠的建議,有了他們把關,我才逐漸打出口碑,累積人氣。

　　尤其在 2016 年中,因為妹妹與妹夫力挺,讓我有機會走出網購世界,在菜市場擺攤,直接面對婆媽們的挑剔。雖然只有短短幾個月,卻練就了十八般武藝。更在因緣際會下加入社團,認識了許多志同道合的好姐妹。

　　感謝管姐給我機會與這些美女老師們一起出書,這是我作夢都不曾想到的事,這本書的出版是我人生中一個重要的里程碑,希望大家喜歡我分享的作品,未來我也會讓自己的烘焙手藝更加提升。當然,與烘友們分享我的食譜,也是無庸置疑的。

這裡找得到 Wendy!

蜂蜜枕頭蛋糕

蛋糕甜點

蜂蜜蛋糕一直是我記憶中最美好、最香甜，既柔軟又濕潤的蛋糕，但坊間的蜂蜜蛋糕大多添加 SP 乳化劑來增添組織的濕潤度。由於兒子們非常喜愛蜂蜜蛋糕，因此我特別挑選純正龍眼蜜的香氣和做麵包用的高筋麵粉，並藉由燙麵做法和長時間水浴烘烤的方式，讓蛋糕呈現 Q 彈滑順、濕潤且不噎口的龍眼蜂蜜蛋糕，這蛋糕每每做出來，都贏得許多親朋好友的喜愛，也讓我非常有成就感。

食譜來源：
Stephanie
食譜示範：
Stephanie

示範影片看這裡！

材料

蛋黃	6 顆
植物油	36 克
龍眼蜜	48 克
冷水	96 克
高筋麵粉	96 克
蛋白（冷藏）	6 顆
糖	60 克
裝飾用可可粉	半小匙

烤模	20×20×5 公分方形模 （或 8 吋圓模）
烤箱	Dr.Goods
烤溫	第一階段： 上火 170℃／下火 120℃ 第二階段： 上火 150℃／下火 120℃
烘烤時間	第一階段：20 分鐘 第二階段：70 分鐘
最佳賞味期	冷藏 3 天，冷凍 14 天

做法 *Step by Step*

A 燙麵糊

1
將植物油、冷水、龍眼蜜放入不鏽鋼盆中，輕輕拌勻，並移至瓦斯爐上，以小火加熱 20 秒，離火。

2
加入過篩的高筋麵粉，迅速拌勻。

3
一口氣加入所有的蛋黃，迅速拌勻，完成滑順蛋黃糊。

Tips
此時烤盤加入冷水，一起放進烤箱預熱，烤模要鋪上烘焙紙。

B 蛋白霜

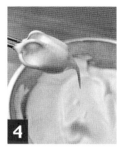

4
依 P.60〈濕性蛋白霜這樣打！〉製作蛋白霜。

C 蛋糕體麵糊

5
依 P.61〈蛋白霜與蛋黃糊混拌這樣做！〉完成蛋糕麵糊。

6
鋼盆提至約 15 公分的高度，將蛋糕麵糊倒入烤模內。

D 整型

7
麵糊先以刮刀大致拍平。

8
再前後左右搖一搖讓麵糊平整，在桌面輕敲幾下，震出大氣泡。

9
用剩餘的麵糊加入巧克力粉，調成巧克力麵糊，倒入擠花袋或三明治袋中。

10
擠花袋前端剪小洞，在蛋糕麵糊上擠入小圓點。

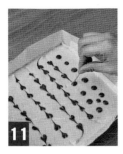
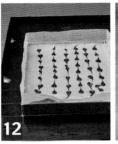

以牙籤從上而下拉出愛心。

確認烤箱已達預熱溫度，將烤模放進烤箱底層的烤盤中，以水浴法先烘烤約 20 分鐘，再轉為上火 150℃ ／下火 120℃ 進行烘烤 70 分鐘。烘烤時間到，先以牙籤插入蛋糕體中，確認牙籤乾淨無沾黏，則將蛋糕留在烤箱內，再燜 5 分鐘以防表面皺皮。

蛋糕出爐後立刻提起烘焙紙，將蛋糕移出烤模，置於涼架上，將四周的烘焙紙拉開散熱，待完全冷卻後，切掉蛋糕邊切塊、冷藏。

Stephanie 貼心話

1 沒有上下火的烤溫請用均溫，即（上火 + 下火）／2。

2 烤模內可使用烘焙紙或白報紙鋪底。

3 蛋糕表面烤至上色後，就要降低上火溫度，烤乾表面直到定型。

4 蛋白打至濕性發泡即可，蛋糕烤起來比較不會裂開；如果下火太高，也容易會有表面裂開問題。

5 入爐前烤模前後左右搖一搖，可以讓麵糊表面平整。

6 烤模不限，不論是沾／不沾方形模、耐熱玻璃樂扣、木框等模具，都要鋪上烘焙紙或白報紙，如果使用戚風模，除了底部要鋪上底紙外，外面也要包鋁箔紙或墊淺盤以防進水。

7 深烤盤內的水深只要在模高 1～1.5 公分即可，至於要冷水或熱水進爐都可以，以自己烤箱為主。如果烤箱火旺、密閉性佳，可以冷水入爐。

8 植物油、冷水、龍眼蜜勿加熱太久，以免加入粉類時，容易結塊不好拌勻。

9 此配方的甜度低，糖量可自行增加。

10 水浴法製作出來的枕頭蜂蜜蛋糕剛出爐最膨最挺，冷卻後蛋糕會縮一些是正常的，請將蛋糕微縮的四邊切除即可。

布朗尼

蛋糕甜點

總有特別幾天想吃點巧克力蛋糕，放在嘴裡的小確幸，總是讓人嚮往。全蛋打發的蛋糕並不難做，只要會判斷打發的程度，攪拌時就不用擔心消泡，掌握一些小技巧，你也可以做出濕潤綿密的布朗尼蛋糕！

食譜來源：
Wendy
食譜示範：
Wendy

示範影片看這裡！

份量	6 吋
烤盤	6 吋分離式烤模
烤箱	Dr.Goods
烤溫	上火 190℃／下火 180℃
烘烤時間	35 ～ 45 分鐘
最佳賞味期	室溫 2 ～ 3 天，冷藏 5 天，退冰後食用口感最佳。

材料

中型雞蛋（室溫）	3 顆
低筋麵粉	50 克
可可粉	10 克
細砂糖	110 克
無鹽奶油	60 克
動物性鮮奶油	100 克
70% 苦甜巧克力	90 克
防潮糖粉（可省略）	適量
耐烤巧克力豆（可省略）	30 克
熟核桃	60 克
（可省略或換任何堅果類）	

做法 Step by Step

A 事前準備

1

6吋烤模鋪上烘焙紙，四周噴上烤盤油（或抹上無鹽奶油）。

2

生核桃以150℃烤8～9分鐘，冷卻後備用。

B 蛋糕麵糊

3

將無鹽奶油、動物性鮮奶油、70%巧克力放入厚底鍋中，一起隔水加熱成巧克力醬備用。

4

當所有材料隔水加熱融化後，攪拌均勻，熄火，繼續放在溫水中保溫。

5

全蛋與細砂糖一起倒入攪拌缸。

6

使用球形攪拌器以最快速打發約3～4分鐘至泛白，再以中速慢慢打發至紋路明顯，畫花紋不會馬上消失。

7

將1/3打發的蛋糊倒入保溫的巧克力醬內，稍微攪拌即可。

8

再將步驟7的巧克力巧克力醬倒入剩餘的蛋糊中，稍微攪拌即可。

9

低筋麵粉與可可粉過篩。

10

將已過篩好的低筋麵粉及可可粉一次倒入麵糊中，記住分散倒入，勿集中於一處。

11

用打蛋器由下往上輕輕攪拌均勻。

12

將部分熟核桃倒入麵糊中，用攪拌刮刀輕輕拌勻，以免巧克力醬沉底。

48

13
將混合好的麵糊倒入烤模內，至 7 ～ 8 分滿。

14
將烤模在桌面敲一下，震出大氣泡。

15
於麵糊上方再撒上剩餘的碎核桃粒。

烘烤

16
確認烤箱已達預熱溫度，放進烤箱中層，烘烤約 35 ～ 45 分鐘，出爐後放涼再脫模。

Wendy 貼心話

1 巧克力隔水融化請勿超過 50℃，巧克力融化後請用溫水保溫，我個人習慣直接將鍋子放入裝了水的平底鍋中，隔水加熱，比較安全。

2 室溫全蛋打發如不好操作，可將全蛋與細砂糖一起隔水加溫約 38 ～ 43℃，可加快打發速度

3 全蛋打發先用最快速打發泛白再用中速慢慢打發，可使蛋糕細緻，氣孔更加穩定不易消泡，要確認打發後的蛋糕紋路不易消失，才可續做其他的步驟。

4 巧克力醬融化後，可以直接熄火利用平底鍋內的溫水保溫，後續操作時才不易結塊。

5 步驟 7 中，融化的巧克力先與部分蛋糕混合，再倒回蛋糕中，可避免巧克力醬沉底，後續較易操作。

6 倒入粉類要平均分散，攪拌時才容易拌勻不結塊。

7 步驟 11 中使用打蛋器攪拌可讓麵粉更容易拌開。

8 步驟 13 中，最後使用攪拌刮刀攪拌，可以將容易沉底的巧克力醬刮起一起拌勻。

9 麵糊倒入烤模後若還有剩餘，可倒入小烤杯中一起烘烤，但要注意烘烤時間。可以另外設定烘烤時間，先烤 15 分鐘確認熟成度，若不夠就再加時間，烤熟就先出爐。

10 想要做出什麼樣口感的布朗尼，由自己決定！烘烤時間長短視想要的口感決定，將竹籤插入蛋糕中心，取出竹籤，若微微沾黏，布朗尼會是濕潤口感；若竹籤完全不沾黏，則口感較乾爽。

11 布朗尼蛋糕冷卻後，用抹刀或脫模刀在烤模周圍畫一圈，即可輕鬆脫模，蛋糕可撒上適量的防潮糖粉裝飾。

鮮乳捲

蛋糕甜點

2 年前剛接觸烘焙，什麼都想學什麼都想試。透過「Jeanica 幸福烘培分享」社團，認識一些志同道合的朋友。在一次的聚會裡我首次嘗試了用發酵奶油烤蛋糕捲，沒想到頗受大家喜愛，也讓我對手作增添不少信心！

食譜來源：
參考妃娟老師「黃金蛋糕」配方，再延伸出鮮乳捲。

食譜示範：
蔡雅雯

示範影片看這裡！

份量	一條
烤盤	42×34×4 公分
烤箱	烘王
烤溫	第一階段： 上火 230℃ / 下火 160℃ 第二階段： 上火 190℃ / 下火 140℃
烘烤時間	第一階段：10 分鐘 第二階段：20 ～ 25 分鐘
最佳賞味期	冷藏 3 天，冷凍 14 天

材料

蛋糕體

鮮奶	200 克
無鹽奶油	70 克
低筋麵粉	130 克
蛋黃（冷藏）	7 顆
蛋白（冷藏）	7 顆
細砂糖	70 克

內餡

動物性鮮奶油	500 克
糖粉	30 克

做法 Step by Step

A 事前準備

1 無鹽奶油室溫軟化，並預熱第一階段烤箱烤溫。

2 低筋麵粉過篩，蛋黃、蛋白分開後，蛋白冷藏備用。

3 烤盤事先鋪好白報紙，四個角落以釘書針固定。

Tips

摺紙模影片看這裡！

B 蛋糕體

4 無鹽奶油放入厚底鍋，以小火加熱至融化，再倒入鮮奶一起加熱（勿超過60℃）。

5 將過篩好的低筋麵粉倒入鍋中，以手持打蛋器攪拌均勻至沒有粉粒。

6 一次倒入一顆蛋黃進麵糊裡，以打蛋器攪拌均勻後再倒下一顆蛋黃，直到蛋黃全部加完。

7 因手持打蛋器有縫隙，無法將鍋子邊緣及底部的麵糊攪拌均勻，所以最後再用攪拌刮刀拌勻。

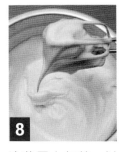

8 冷藏蛋白加糖，以電動攪拌器打成濕性蛋白霜（做法請見P.60）。

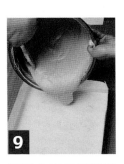

9 將蛋白霜與蛋黃糊混合（做法請見P.61），完成蛋糕捲麵糊。

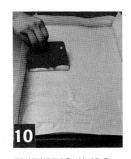

10 將麵糊倒入烤盤內，並輕輕震出空氣，再用刮板輕輕在表面刮平。

C 烘烤

11 確認烤箱已達預熱溫度，放進烤箱下（底）層烘烤約 10 分鐘表面上色後，取出蛋糕掉頭，降溫至上火 190℃ ／下火 140℃，再烤約 20 ～ 25 分鐘，輕拍蛋糕中心是澎澎的聲音即可出爐。

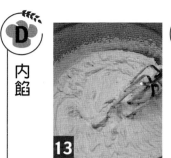

內餡

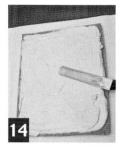

組合

12 出爐後立刻將蛋糕取出烤盤置於涼架（與桌面至少要 10 公分以上的距離）上，撕開周圍烘烤紙後置涼。

13 動物性鮮奶油放入鋼盆中，加入糖粉打發即可。

14 待蛋糕呈現常溫狀況（約 10～15 分鐘後），將蛋糕抹上內餡捲起。

15 用白報紙固定冷藏 30 分鐘後，再取出切塊包裝。冷藏過後的蛋糕體和內餡會較融合一起，比較好切喔！

蛋糕捲這樣捲！

很多人喜歡做蛋糕捲，但卻經常失敗在捲起的步驟，捲蛋糕要有些耐性，多練習幾次就可以抓到竅門！

做法 *Step by Step* 》

1 鋪上一張比蛋糕體大的白報紙。將放涼的蛋糕體翻面置於白報紙上。撕開原本蛋糕體底層的白報紙。

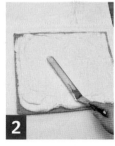

2 均勻抹上內餡。

3 取一擀麵棍，捲起白報紙一端，略微將蛋糕體一端提起。

Tips

4 注意！擀麵棍要將自最前頭將白報紙一端的捲起。

4 以擀麵棍慢慢將蛋糕體帶起，輕輕往前捲起。

5 用擀麵棍帶動白報紙，把蛋糕體捲緊、定型。

53

芋泥小四喜

蛋糕甜點

芋泥蛋糕一直是廣受大眾歡迎的甜品，也是我家人的最愛。初做芋泥餡時便驚豔於帶點芋頭顆粒的口感竟是如此銷魂，搭配純天然香醇濃郁的動物性鮮奶油，完完全全擄獲了我家人們和試吃大隊的心，每當製作芋泥餡時，兒子們還會隨侍在旁等著要偷吃呢！重點是這平盤蛋糕完全不用捲，對於捲蛋糕有壓力的新手們來說，是一道很好上手又很討喜的甜點喔！

示範影片看這裡！

食譜來源：
Stephanie
食譜示範：
Stephanie

份量	半盤
烤盤	42×33×3 公分
烤箱	Dr.Goods
烤溫	第一階段： 上火 200℃ ∕ 下火 120℃ 第二階段： 上火 150℃ ∕ 下火 120℃
烘烤時間	第一階段：15 分鐘 第二階段：15 分鐘
最佳賞味期	冷藏 5 天，冷凍 14 天

材料

蛋糕體

蛋黃	8 顆
植物油	70 克
牛奶	160 克
低筋麵粉	145 克
蛋白	8 顆
糖	80 克

生乳餡

動物性鮮奶油	500 克
白砂糖	50 克

芋泥餡

芋頭	650 克
二砂糖	65 克
動物性鮮奶油	50 克
鮮奶	100 克

A 蛋糕體麵糊

1

依 P.60〈燙麵麵糊這樣做〉製作燙麵蛋黃麵糊。（註：以小火加熱 20 秒，離火，加入過篩的低筋麵粉。）

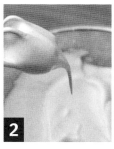

2

依 P.60〈濕性蛋白霜這樣打！〉製作蛋白霜，打出有 3 公分長的小彎勾。

3

依 P.61〈蛋白霜與蛋黃糊混拌這樣做！〉完成蛋糕體麵糊。

B 摺紙模

4

用白報紙摺出與模型相同大小的形狀，放在模型裡。周圍的烘焙紙用麵糊固定。

C 整形&烘烤

5

鋼盆提高至約 15 公分的高度，將麵糊倒入烤模內。

6

麵糊用刮板大致抹平。接續前後左右搖一搖讓麵糊平整，在桌面敲幾下，震出大氣泡。

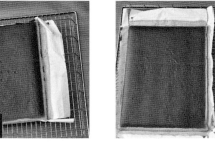

7

確認烤箱已達預熱溫度，放進烤箱底層烘烤約 15 分鐘，轉為上火 150℃／下火 120℃ 烘烤 15 分鐘。出爐後立刻將烤盤取出，於桌上重敲一下，提起一側白報紙拖出蛋糕置於涼架上，撕開周圍白報紙後置涼。

D 生乳餡

8

將生乳餡所有材料放入大碗中，以手持電動攪拌器打發。

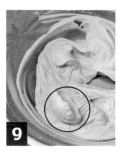

9

確認打發是否完成，只要舀起一匙餡料再放入時，生乳餡不會攤掉的程度即可。

E 芋泥餡

10

依 P.58「Stephanie 不藏私」之「芋泥餡這樣做！」製作芋泥餡備用。

F 組合

11 蛋糕片冷卻後，附蓋上一張白報紙並雙手抓住同一側的上下兩張白報紙。

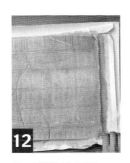
12 將蛋糕迅速翻面。

13 接著撕開底紙，並將蛋糕翻回正面，從長邊先切出一半(1/2)。

14 取其中1/2塗上芋泥餡與生乳餡。

15 將另一1/2蛋糕片疊上，移至冷藏約1小時。

16 自冰箱取出後，將蛋糕四邊切除。

17 再均分四條，芋泥小四喜完成！

Stephanie 貼心話

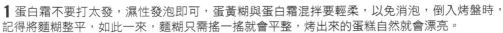

1 蛋白霜不要打太發，濕性發泡即可，蛋黃糊與蛋白霜混拌要輕柔，以免消泡，倒入烤盤時，記得將麵糊整平，如此一來，麵糊只需搖一搖就會平整，烤出來的蛋糕自然就會漂亮。

2 蛋糕表面黏皮原因：上火不夠，表皮沒有烤乾，請提高上火或是烤完燜3～5分鐘。

3 烘烤時蛋糕不正常膨起的原因大多是下火太高。

4 打發動物性鮮奶油時，一定要墊保冷劑或冰塊水。一開始以高速打發，當看到鮮奶油出現紋路時，請降最低速慢慢打至完成。

5 剩餘的芋泥可以密封冷藏或冷凍保存，下次使用前請退冰，額外添加適量鮮奶/鮮奶油或打發的鮮奶油調至柔順即可。

芋泥餡這樣做！

1 將芋頭切小丁放置電鍋內鍋，外鍋放入 1～2 杯水蒸煮 1～2 次，直到芋頭軟爛，以筷子一捏即碎的程度。

2 趁熱將芋頭取出，與糖、鮮奶、動物鮮奶油一起以電動打蛋器拌勻即可（也可用料理機絞碎）。

關於 Stephanie

烘焙，帶給我十足的成就感！

家中兩個奶娃在襁褓時，剛好是毒奶粉和食安風景最盛時，實在不忍他們從一出生就要攝取人工添加物，於是我開始在每天 4～6 次無聊擠奶的過程中，找尋 youtube 學習製作蛋糕、餅乾的影片，回家後更迫不及待的拿起副食品料理棒所附贈的打蛋器，依樣畫葫蘆的走入烘焙的國度……。

毫無烘焙經驗的我，一開始常因為手法不熟練，而導致蛋白消泡、蛋糕變成厚厚的「粿」，但是先生卻毫不以為意，仍然給我最大的支持；面對先生的貼心，也激起我不服輸的心，為了求進步，我上網做足功課、查遍網路高手們的手法影片，在一次又一次的失敗下，也做得越來越得心應手，逐漸有「成型」的甜點出現。

猶記當小兒子一歲多時，正值厭奶期的他，喜歡品嘗軟軟香甜的糕點勝於副食品，為了誘使他吃飯而不攝取過多的糖和油，我曾用他的副食品做成了無油無糖的蛋糕和饅頭，沒想到在我看來覺得難吃、賣相又差的副食品糕點，竟然受到他的青睞。兒子的無心之舉，讓我更有動力在油、糖與麵粉間打滾了。

這一路走來，因為工作之故，我沒有機會外出上烘焙課，所有美麗又好吃的甜點的製成，都是藉由網路上豐富的資源學習而來，在不斷的練習與錯誤中，讓我不知不覺進步許多！我相信，只要自己有心、勇敢嘗試、不怕失敗，甚至不恥下問，就可以做出許多讓人驚豔的甜點。

甜點，帶給自己的不是只有美味，還有滿滿的成就感，尤其當心情煩悶、情緒受挫時，看著蛋糕在烤箱中慢慢長大，是多麼的療癒；而手捧著剛出爐的美麗蛋糕，心中的陰霾更一掃而空！期待你們和我一起，進入這療癒人心的烘焙國度！

嘉慧管管是「Jeanica 幸福烘培分享」社團的管理員，負責社團大小事宜，亦是本書的召集人，全書 36 道食譜，她幾乎全部試吃過，也給予每一道食譜最真心的評價與建議。

關於奶油泡芙 P.09

放涼後馬上用塑膠袋包好冷凍，想吃的時候，拿幾顆出來稍微回烤，就可以享用酥脆好吃的泡芙。內餡除了卡士達醬、打發鮮奶油外，其實鹹口味的馬鈴薯沙拉，鮪魚玉米沙拉，也非常適合。

關於雙色拉花輕乳酪 P.13

蛋白霜加入少許的檸檬汁，或是白醋、塔塔粉都可以幫助穩定組織，避免消泡。但若手邊什麼都沒有也不用擔心，只要蛋白＋糖，一樣可以打出漂亮的蛋白霜，口訣是「慢，快．慢」，一開始以「慢速」打出粗大泡沫，分次加糖後，轉為「快速」讓糖溶解，並使蛋白包覆空氣，最後再轉「慢速」，使蛋白霜的氣泡細緻光亮均勻。

關於檸檬杯子蛋糕 P.17

如果很忙碌，沒時間可以顧爐，或是烤箱不靈敏，無法逐漸降溫，怎麼辦？建議直接用 160℃ 烤 22～25 分鐘，也許有點裂，也許放涼會變皺，但是只要有烤熟，上面灑點糖粉，小朋友還是會吃的非常開心！

關於紙箱蜂蜜蛋糕 P.21

正方形的烤模非常實用，建議可以列入採買選項。如果使用自製紙模，盡量選擇無花色的瓦楞紙箱。

關於可可咖啡雙重奏棉花蛋糕 P.27

這是使用「燙麵法」操作的蛋糕，注意不需用非常高溫去燙煮麵粉，因為材料中的無糖可可粉，高溫容易使其產生焦味，建議在大約 60℃ 的油溫即可關火。

關於原味戚風蛋糕 P.31

為什麼要分次將蛋白霜與蛋黃糊混合均勻？最主要的原因，就是避免過度攪拌，使蛋白霜消泡。

首先，我們會將蛋白打至接近乾性發泡（鋼盆倒扣，蛋白霜不滴落），挖取 1/3 蛋白霜與蛋黃糊混合，重點是改變蛋黃糊的密度，再挖取 1/3 的蛋白霜放入麵糊中，此時改用旋轉切拌的手法，為的是將底部的蛋黃糊翻起，手法要逐漸輕巧，最後將麵糊倒入蛋白霜的鋼盆，可以輕鬆切拌均勻。如果一次拌合，我們會為了使蛋白霜均勻分布而過度攪拌，所以強烈建議分次攪拌，可以保留更多蛋白氣泡。

關於乳酪大鼓燒 P.35

不論你使用的是否為不沾烤盤，建議仍需在烤盤上均勻塗抹軟化奶油，並撒上高筋麵粉，記得倒除多餘麵粉！

關於無麵粉起司蛋糕 P.39

餅乾底層也可以選用奇福餅乾或蘇打餅乾。如果有精心釀製的蘭姆葡萄乾或是蔓越莓，輕輕撒上幾顆，讓蛋糕的口味更有變化。

關於布朗尼 P.47

老師選用全蛋打發的方式製作，口感較輕盈。食用前用微波爐或是烤箱加熱一下，搭配一球香草冰淇淋，真是美味。

關於鮮乳捲 P.52

只需要五種材料，就可以做出熱賣的團購商品。建議讀者選用口碑好的動物性鮮奶油，它是這條鮮乳捲的靈魂！

關於芋泥小四喜 P.55

自製芋泥非常美味，但由於芋泥餡容易酸敗，一定要注意使用工具的清潔，不要沾到生水。蛋糕製作完成後，可以密封冷凍保存，冷藏退冰，蛋糕質感不變，是宅配送禮的好選擇。

近年來，流行的燙麵式戚風蛋糕製作過程強調，先加熱植物油＋（牛奶或水），一口氣燙熟麵粉，降溫至 60℃ 以下，再加入蛋黃，調整麵糊質感。完成的蛋黃麵糊，應該呈現有光澤，質地均勻。

A．燙麵麵糊這樣做！

1

植物油（加牛奶或水）倒入無油無水乾淨鍋中，以小火加熱，待鍋中的油產生油紋後關火。

2

將過篩的粉類加入。

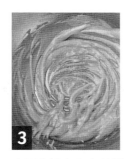
3

由厚底鍋中心向外攪拌均勻至無顆粒狀態。

4

蛋黃以一次一顆加入麵糊中攪勻，每攪勻一顆，再放入下一顆。

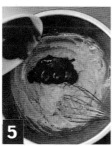
5

經驗豐富者，可以一口氣將蛋黃全部加入攪勻。

6

燙麵蛋黃麵糊完成。

B．濕性蛋白霜這樣打！

為搭配燙麵式蛋糕，我們的蛋白霜打發程度，建議打至濕性發泡（蛋白霜呈現小彎勾狀），有助於蛋白霜與蛋黃糊混合。不會有過多蛋白霜成塊散布於麵糊中，也不至於為了打散蛋白塊，而過度攪拌。

1

冷藏蛋白倒進乾淨無水無油的深鍋中。

2

以手持電動攪拌器用高速先打出粗泡。

3

加入 1/3 的砂糖。

4

手持電動攪拌器調至中速（或高速），將蛋白打出細紋路。

5
再倒入 1/3 的細砂糖。

6
繼續以中速（或高速）將砂糖打勻。

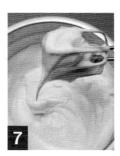
7
最後加入剩下的 1/3 細砂糖，打至約 7 分發，直至蛋白霜有 3 公分的小彎勾。

8
再將手持電動攪拌器調至低速打 30 秒～1 分鐘讓蛋白霜穩定。

Tips
有些人習慣砂糖分 2 次加入，則在步驟 3～5 重複 1 次。要特別注意，打蛋白霜的器具要無水無油，約 3 分鐘打出細紋路的蛋白霜後，就可以提起攪拌器檢查蛋白霜打發的程度。

註：關於手持電動攪拌器的速度，打蛋白霜每個老師手法不一，有的一開始以中速打，然後在最後一次加糖再轉為低速；也有人一開始以高速打，接著轉中速，再轉低速。讀者可以多試驗幾次，找出最適合自己的打法。

C · 蛋白霜與蛋黃糊混拌這樣做！

未打散的蛋白霜，會導致蛋糕烤熟時，中間產生大孔洞，所以拌合的手法相當重要。

1
挖取 1/3 蛋白霜加入蛋黃糊裡。

2
用手持打蛋器將 1/3 蛋白霜和蛋黃糊攪拌均勻。

3
將步驟 2 的倒入剩餘的 2/3 蛋白霜。

4
以攪拌刮刀用切拌畫圓方式將蛋黃糊和蛋白霜攪拌均勻，即完成蛋糕體麵糊。

PART02
麵包披薩

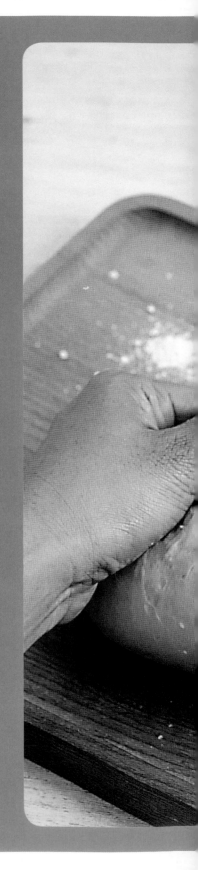

奶香地瓜麵包

麵包披薩

爸爸很養生，對自己的健康非常重視，爸爸說身體健康，是他給我們最好的禮物。

地瓜是我家必備，營養價值高，想著爸爸總是蒸地瓜吃，他說可以當作麵包內餡嗎？所以有了這款愛的「胖」！

食譜來源：陳靜怡
食譜示範：陳靜怡

份量	10 顆（60g／顆）
攪拌機	EUPA 多功能攪拌器
烤箱	晶工 7300
烤溫	上火 230℃／下火 190℃
烘烤時間	12 ～ 13 分鐘
最佳賞味期	冷藏 2 天，冷凍 2 個月

材料

主種麵團
高筋麵粉　　　40 克
低筋麵粉　　　50 克
奶粉　　　　　20 克
蛋黃　　　　　1 顆
鮮奶　40 ～ 45 克
糖　　　　　　30 克
奶油　　　　　30 克
鹽　　　　　　4 克
速發酵母　1.5 克

中種麵團
高筋麵粉　　210 克
鮮奶　　　　120 克
無糖優格　　30 克
（或鮮奶油）
速發酵母　1.5 克

內餡
地瓜　　　　300 克
奶油　　　　30 克
糖　　　　　適量

A 麵包麵團

1 製作老麵。依 P.67「靜怡老師貼心話」，備好老麵。

2 中種麵團材料全部混合攪拌成團，搓揉 5 分鐘，冷藏 8 小時後可使用，最長不超過 24 小時要用完。

3 主種麵團材料鮮奶先用一半，鹽、奶油暫不放，加入中種麵團和剝小塊的老麵（50 克），攪打成團。

Tips

4 成團後加入主種麵團酵母，攪打後慢慢加入剩下鮮奶，待麵團吸收後再添加，注意麵團終溫不超過 27℃。

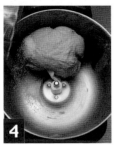

4 加入鹽巴攪打至有粗糙薄膜的擴展階段。

5 加入奶油攪打至能拉出薄膜。

6 進行基礎發酵（夏天約 25 分鐘、冬天約 40 分鐘）。

7 基發完成後將麵團分割每 60 克／顆，滾圓蓋上濕布進行中間發酵（夏天冷藏／冬天室溫約 15 分鐘）。

B 內餡

8 地瓜切小塊蒸至軟，趁熱加入無鹽奶油和糖，攪拌均勻。

9 若地瓜纖維多，可以過篩更細緻，待地瓜餡冷卻後再使用，前一天製作更好包餡。

C 整型

10 地瓜餡分 30 克 10 顆，搓圓備用。多餘的則分成 10 份，搓成 10 顆小球。

11
取出發酵好的麵團，以手掌按壓成扁圓形，擀平後翻面，拍掉邊緣氣泡。

12
內餡放置麵團中間，上下捏緊，再左右捏緊，用虎口捏緊收口，輕輕滾圓。

13
收口朝下放置紙模中，手指沾粉，從中間戳一個凹洞。

14
小地瓜球沾蛋液放入凹洞中。

15
用刀子在麵團劃上5～6刀，成花瓣樣。

Tips
整型影片看這裡！

D 最後發酵

16
整型完成後，將麵團放進烤盤，進行最後發酵直至麵團呈兩倍大（約50分），進爐前撒上高筋麵粉。

E 烘烤

17
確認烤箱已達預熱溫度，放進烤箱中層烘烤約12～13分鐘，烘烤過程中，未膨脹時勿開烤箱，上色後取出。

靜怡貼心話

老麵這樣做！

老麵是過度發酵的麵團，少量添加可以增添麵包的彈性和香味。簡單、快速就可以製作老麵哦！

材料
高筋麵粉 150 克
水 90 克
速發酵母 2.5 克
鹽 3 克

做法 Step by Step

1 攪所有材料以手揉或機器攪打混合成團，再揉捏約 5～6 分鐘成光滑麵團即可。

2 將麵團置於室溫發酵約 4 小時或冷藏一夜（8～12 小時）。

3 將發酵好的麵團，分割成數個小麵團，每個約 50 克，滾圓後以保鮮膜一顆一顆包緊。

4 將包好保鮮膜的麵團冷凍，可保存約 3～4 個月，使用前冷藏回溫或室溫軟化即可。

假日披薩

麵包披薩

　　披薩是我家假日常做的餐點，從開始打麵團，妹妹就會湊過來幫忙，給她一把塑膠刀，她就能把所有食材都切小塊，幫我抹上番茄醬、撒上起司絲和餡料……。這是妹妹可以幫很多忙的餐點，看到她自己做的披薩出爐，除了開心，還有滿滿的成就感。

食譜來源：神老師
食譜示範：神老師

份量	4 人份
攪拌機	KitchenAid 升降式攪拌機
烤箱	中部電機
烤溫	上火 220℃ / 下火 200℃
烘烤時間	15 分鐘
最佳賞味期	冷藏 3 天，冷凍 15 天

材料

披薩麵團

水	390 克
速發酵母	7.5 克
全蛋	2 顆
高筋麵粉	750 克
奶粉	50 克
鹽	10 克
糖	25 克
老麵	150 克
奶油	25 克

餡料

各式海鮮	適量
彩椒	適量
番茄醬	適量
起司絲	適量

做法 Step by Step

A 披薩麵團

1 所有材料（除了無鹽奶油外）全部放入攪拌缸中（預留 50 克水慢慢加）。

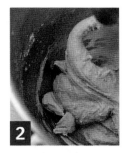

2 以低速打 2 分鐘，再轉中速打 4 分鐘，加入軟化奶油。

3 以低速打 2 分鐘，轉中速打 4 分鐘。

4 工作檯撒粉取出麵團，經翻摺整成圓形，放鋼盆蓋保鮮膜進行基礎發酵。

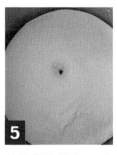

5 基礎發酵至少 50 分鐘，或直至麵團呈現約兩倍大，以手指沾粉測試，麵團凹洞不回復，表示完成。

B 整型

6 基礎發酵完成，取出麵團分割 600 克 2 份或 300 克 4 份，剩下麵團當老麵。

7 將分割好的麵團分別滾圓後，讓麵團鬆弛約 15 分鐘。

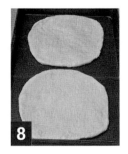

8 將鬆弛好的麵團分別擀成大圓片。

9 抹上番茄醬、撒上起司絲，將海鮮或培根等鋪上，再放上彩椒、蔬菜、九層塔，再撒上起司絲。

C 烘烤

10 確認烤箱已達預熱溫度，將麵團放入烤箱烘烤約 15 分鐘，即可出爐。

神老師貼心話

1 餡料的水分要儘量吸乾，否則披薩的皮會濕軟。

2 第一層的起司絲有助於把餡料黏在麵皮上。

3 沒有老麵可以直接省略。

4 如果上火比較旺，要注意一下表面上色的狀況來調整溫度。

5 烤箱溫度請視各家烤箱的不同來調整。

關於神老師

烘焙，陪我度過人生的難關

幾年前一台麵包機的到來，讓我的整個生活完全翻轉。

剛開始用麵包機做麵包，讓全家人都好驚訝，我怎麼可能會自己做出麵包來？可是麵包機再強大，變化還是稀少，口感跟外面麵包店的還是有差，孩子們很快就從驚訝變成厭煩。無意間加入了烘焙社團，才發現有好多媽媽變成麵包和蛋糕高手。於是我跟著買了烤箱、攪拌機，從一鍵到底，到後來用攪拌機打麵團或是蛋糕糊後放入烤箱烘烤，讓人迷上了麵包和蛋糕出爐時那一刻的成就感，也愛上了經過一次次嘗試後成功的那份喜悅。

我喜歡在沒有人干擾的清晨醒來，靜靜地著手準備材料、入爐烘烤、出爐，所有生活上的挫敗和煩憂，在那一段時間完全忘卻。

身為特殊兒的媽媽，生活上常常充滿挫敗，常常找不到生活的成就。從每天烘烤點心和準備早餐，看著麵包和蛋糕出爐，能夠隨意做出想做的麵包和點心，我得到許多滿足。在與班上孩子們分享甜點的當下，鼓勵了孩子們學習的同時，也鼓舞了自己。為了推廣特殊教育、融合教育，我帶著手作的甜點跑遍各地學校，希望透過手作的溫暖，讓每位與會者都能感受到我的真誠和努力，期盼能有更多人關注特殊教育，能有更多人願意接納特殊生。

兩年前，在幾乎自學的狀態下，我考了麵包和蛋糕的丙級證照，雖然證照對於我的工作沒有幫助，卻讓我肯定自己的不斷努力，像是完成了一種認證的感覺，在準備丙級考試的同時，也學習了很多原本沒有接觸過的品項，這才知道烘焙的變化和多樣，不要把自己的能力設限，期待自己能有更多的挑戰和成長。

很慶幸自己能擁有烘焙這項興趣，陪伴我度過許多人生的難關。

這裡找得到神老師！

全麥麵包

麵包披薩

　　自己對全麥麵包的第一印象，就是粗糙的外表、扎實的口感，讓人難以下嚥。去年看到愛與恨老師分享這款麵包，嘗試了第一次添加少許堅果，心想這款養生的麵包，應該適合爸媽吃，於是拿回家給長輩。原本爸爸本來也不能接受「全麥」這個名詞，吃著吃著竟然愛上了這種單純又健康的麵包。

　　家人愛吃，我也愛做，於是這款全麥麵包就成了我家主要的精神糧食了！

食譜來源：愛與恨老師
食譜示範：賴寶華

份量	8～10個（130克/個）
攪拌機	國際牌麵包機
烤箱	晶工 7450
烤溫	上火 190℃／下 150℃
烘烤時間	18～20 分鐘
最佳賞味期	冷藏 3 天，冷凍 1 週

材料

麵團

高筋麵粉	500 克
全麥麵粉	100 克
奶粉	15 克
細砂糖	75 克
鹽巴	6 克
牛奶	50 克
冰水	360 克
（可預留 50 克後加）	
雞蛋	25 克
酵母	6 克
軟化無鹽奶油	40 克

餡料

烤熟碎核桃	50 克
蔓越莓乾	50 克

做法 Step by Step

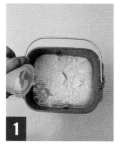
A 基礎麵團

1
所有材料（除了無鹽奶油外）全部放入鋼盆（預留 50 克冰水慢慢加）。

2
啟動麵包機以慢速攪打 3 分鐘，再轉中速攪打 3 分鐘，成團後備用。

Tips

3
此時麵團已呈粗糙薄膜的擴展階段。

加入軟化的無鹽奶油。

4
啟動麵包機以慢速攪打 4 分鐘，再轉中速攪打 4 分鐘。

Tips

5
此時麵團已能拉出完美薄膜。

將果乾、核桃等加入麵包機中，以低速攪拌均勻即可。

Tips

攪打過程中，若天氣炎熱，可視狀況使用部分冰塊代替水分，幫助降低終溫。

6
麵團取出，滾圓，收口朝下，放入抹了少許油的鋼盆中，麵團噴少許水，蓋上濕布或保鮮膜，進行基礎發酵約 50～60 分鐘。

7
待基礎發酵完成後，麵團會呈現約兩倍大。以手指沾粉測試，麵團凹洞不回復。

B 整型

8
將完成基礎發酵後的麵團分割成 10 等份（每個約 130 克）。

9
將分割好的麵團滾圓，放在盤子或烤盤上，蓋上塑膠袋，讓麵團鬆弛約 15 分鐘（夏天可冷藏，冬天則可置於室溫鬆弛）。

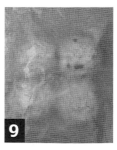

74

10 鬆弛完成後，用擀麵棍將麵團擀成長形。

11 將擀開的麵團翻面，轉成上下短左右長的長形。

12 麵團下方略微捏平。

13 由上往下逐步將麵團捲起，整成橄欖形麵團。

C 最後發酵

14 整型完成後，將麵團放入烤盤，覆蓋塑膠袋，置於溫暖密閉的空間進行最後發酵（建議約 30 分鐘或麵團膨脹至兩倍大）。

15 入爐前 10 分鐘在麵團表面噴水、撒粉，於麵團表面割劃出三條斜線。

Tips

整型影片看這裡！

D 烘烤

16 確認烤箱已達預熱溫度，將麵團放入烤箱烘烤約 18 ～ 20 分鐘，上色後，即可將上火關掉。出爐後重敲，置於涼架上放涼。

寶華貼心話

1 奶粉可以用高筋麵粉替代，冰水亦可改用冰鮮奶。

2 這個份量約為 8 ～ 10 個，晶工 7450 烤箱分次兩盤烤完，

3 如果要漂亮，建議擺放於烤盤時要有間距，不要相黏，避免側面不上色、縮腰皺皮。

4 注意烤色成金黃色即可，麵包屁股不要太焦。

巨無霸德式香腸麵包

麵包披薩

　　雖然我不太喜歡讓孩子們吃加工食品，但朋友的寶貝們好愛吃熱狗麵包！傳統熱狗的添加物比較多，我會到有機店買經過檢驗的德式香腸取代熱狗！這款麵包綜合了他們最愛的食材，大塊的起司和德式香腸，上面鋪上明太子增添口感，加了優格的麵團更加柔軟美味，吃過的人都讚个絕口喔！

食譜來源：Peggy Lee
食譜示範：Peggy Lee

份量	6 個（100 克／個）
攪拌機	KitchenAid 升降式攪拌機
烤箱	Dr.Goods
烤溫	上火 200℃／下火 170℃
烘烤時間	20 分鐘
最佳賞味期	冷藏 3 天，冷凍 1 週

材料

麵團

高筋麵粉	300 克
糖	30 克
速發酵母	4 克
全蛋	1 顆
優格	70 克
鮮奶	100 克
老麵	40 克
鹽	4 克
無鹽奶油	30 克

餡料

蔥花	適量
起司絲	適量
明太子	適量
美乃滋	適量
黑胡椒粒	適量
德式香腸	6 根

做法 Step by Step

A 基礎麵團

1 所有材料（無鹽奶油及鹽除外）放入攪拌缸中。

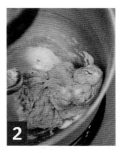

2 啟動攪拌機以慢速攪打成團後，將鹽加入，轉中速讓麵團打出筋性。

3 將無鹽奶油加入，以中速將麵團續打至可拉出薄膜。

4 鋼盆抹油備用。

5 將麵團取出，滾圓收口朝下，放入抹油的鋼盆中，蓋上濕布或保鮮膜進行基礎發酵約 40 ～ 60 分鐘。

6 待基礎發酵完成，麵團呈現兩倍大。以手指沾粉測試，麵團凹洞不回復。

B 整型

7 基礎發酵後，將麵團分割成 6 份（每份約 100 克）。

8 將麵團滾圓，收口朝下放在檯面上，靜置 10 分鐘。

9 麵團鬆弛好，將麵團輕輕拍平排氣，以擀麵棍擀成橢圓形麵皮後，將麵皮翻面。

10 將麵皮由上往下捲起，收口捏緊。

11 將捲好的麵團收口朝下置放，鬆弛 10 分鐘。

12 取出香腸，擦乾水分。

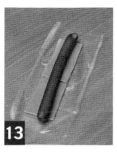

13 取出一片起司片，切半後排成長條，將香腸擺在上頭。

14 用起司片將香腸包起。

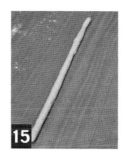

15 將鬆弛好的麵團搓長。

16 將起司香腸輕輕纏繞住，前後留 1 公分。

C 最後發酵

18 整型完將麵團放入烤盤，蓋濕布置於密閉空間進行最後發酵約 40～60 分鐘至麵團兩倍大。

19 最後發酵完成，刷上蛋液、擠上美乃滋、撒上明太子、蔥花、起司絲、黑胡椒。

D 烘烤

20 確認烤箱已達預熱溫度，麵團放入烤箱中層烘烤約 20 分鐘，出爐將烤盤重摔排出空氣，放涼就可以享用。

Peggy 貼心話

1 若無老麵，可以直接省略。

2 如果使用麵包機，建議可以這樣打麵團（以 Pansonic 為例）

材料除了鹽和奶油之外一次全下，按「烏龍麵」模式，1 分鐘後加鹽，5 分鐘後加奶油，時間到（烏龍麵是打 15 分鐘），再按一次打 10 分鐘就 OK，不會拉薄膜沒關係，一定有薄膜的。麵包機的攪拌器不用貼冰寶，但建議濕性材料（蛋、優格、鮮奶）都要是冰的，製作起來就沒有問題。

起司培根司康

麵包披薩

比起甜食，我更喜歡鹹食。司康在我家不是很常出現，偶爾就會想起它那有嚼勁的口感。老公有位釣友從小移民美國，去年搬回台灣定居，有天老公和他相約釣魚，剛好帶了司康當早餐，也請朋友吃一個，沒想到受到朋友大大稱讚，直說比在美國吃的更有味，對我實在是很大的鼓勵啊！

示範影片看這裡！

食譜來源：
陳靜怡
食譜示範：
陳靜怡

份量	12 顆（直徑 7.5 公分）
烤箱	晶工 7300
烤溫	上火 250℃ / 下火 180℃
烘烤時間	18 ～ 20 分鐘
最佳賞味期	室溫 2 天，冷凍 1 個月

材料

中筋麵粉	250 克
泡打粉	10 克
奶油	60 克
糖	30 克
鮮奶	125 克
蛋	1 顆
鹽	6 克
起司絲（或起司粉）	50 克
培根	4 片
黑胡椒粒	1/4 匙
洋香菜	1/4 匙

做法 Step by Step

A 司康麵團

1 起司絲切碎、培根乾煎至熟切小片,放涼備用。奶油切小塊後冷藏備用。

2 中筋麵粉和泡打粉一起過篩,置於大盆中。

3 將蛋打散取 3/4 蛋液加入鮮奶、糖、鹽,攪拌至糖微融成為牛奶蛋液。

4 奶油從冰箱取出,加入已過篩的粉類中,用奶油切刀壓切,使奶油和粉成為沙粒狀。

Tips 亦可用手搓揉,但必需戴上手套,防止手溫過高,使奶油融化太快,不易形成沙粒狀。

5 牛奶蛋液倒入步驟 4 中,用刮刀稍微拌勻,加入培根、起司絲、黑胡椒粒及洋香菜,30 秒內拌勻。

6 將麵團密封冷藏 1 小時。

B 整型

7 桌上撒粉、手上沾粉,將麵團置於桌上,用擀麵棍擀開。此時可以先預熱烤箱。

8 將麵團先擀開後,摺成三摺,重複 3 次後,再用模具壓出合適大小。

Tips 三擀三摺會讓裂痕比較好看,同時模具可以先沾點粉,再放置在司康麵團上按壓。

9 壓好的司康麵團塗上一層蛋液,避免乾燥,蓋好保鮮膜再冷藏 30 分,進爐前再塗一層蛋液。

C 烘烤

10 確認烤箱已達預熱溫度,將麵團放入烤箱中層,烘烤約 18 ～ 20 分鐘,上色後取出。

靜怡貼心話

1 烘烤時上火溫度要高，有助於司康裂出漂亮裂紋，家中烤箱若上火旺放中層，上火弱放中上層。

2 如果要做甜司康，將糖改為 50 克，鹽改為 3 克，加入 80 克巧克力豆或果乾。

3 培根和起司改為火腿蔥花也很棒。

關於陳靜怡

用烘焙，決定自己的價值！

2015 年 5 月，為了小寶貝，正式從職業婦女晉升為家庭主婦，閒不住的我，除了照顧小孩，也想找到屬於自己的生活重心，無意中加入「Jeanica 幸福烘培分享」社團，自己的烘焙魂被燃起了。

戚風蛋糕是我初入門的作品，一開始，怎麼做怎麼醜，一直到練了 20 顆，才慢慢抓到烤溫、了解蛋糕的脾氣；麵包接觸之始，也是利用萬能的雙手，上網搜尋、觀看影片，慢慢學習手揉技巧，當第一個麵包完成時，那感動至今仍難以忘懷。

這兩年的經驗讓我知道「要成功就是要練功」、「練習」絕對是成功的不二法門，透過一次次的手作，才能了解成功與失敗的原因。

烘焙除了讓家人吃到健康手作，更多是對烘焙的熱情所帶來的成就感。老公一路的支持、家人朋友的掌聲，都是我樂在其中的原因！

很幸運有能力做自己喜歡的事，很高興能決定自己的價值！

我愛烘焙，歡迎你們一起加入烘焙的大家庭！一起為自己與家人的健康把關，一起蓋上成就滿滿的印記！

維也納麵包

麵包披薩

去年看見社團愛與恨老師分享這款麵包，看起來操作上不怎麼有難度，於是自己試作一次，之後就不小心愛上這冰涼奶油與麵包搭配的好滋味了。這款麵包冰著吃、熱著吃，都很好吃！裡面的夾餡更是變化多端，也可以拿來當三明治麵包，一舉數得！很值得推薦哦！

食譜來源：愛與恨老師
食譜示範：賴寶華

份量	8 個（120 克／個）
攪拌機	國際牌麵包機
烤箱	晶工 7450
烤溫	上火 200 ℃／下火 190℃
烘烤時間	16 ～ 20 分鐘
最佳賞味期	冷藏 2 天，冷凍 7 天，要吃之前退冰 30 分鐘即可。

材料

高筋麵粉	500 克
鹽	9 克
糖	20 克
奶粉	40 克
軟化無鹽奶油	50 克
速發酵母	5 克
（或是新鮮酵母 15 克）	
冰水	325 克
（可以預留 50 克後加）	

做法 Step by Step

A 基礎麵團

1 所有材料（除了無鹽奶油外）全部放入鋼盆（預留 50 克冰水慢慢加）。

2 啟動麵包機以慢速攪打 3 分鐘，再轉中速攪打 3 分鐘，打成團後備用。

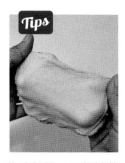

Tips

此時麵團已呈粗糙薄膜的擴展階段。

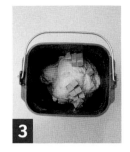

3 加入軟化的無鹽奶油。

4 啟動麵包機以慢速攪打 4 分鐘，再轉中速攪打 4 分鐘，若天氣熱，建議使用部分冰塊代替水分，幫助降低終溫。

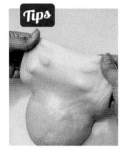

Tips

此時麵團已能拉出完美薄膜。

5 將麵團取出，滾圓後收口朝下，放入抹油鋼盆中，蓋上濕布，進行基礎發酵約 30 分鐘。

6 基礎發酵完成，麵團呈現約兩倍大。以手指沾粉測試，麵團凹洞不回復。

B 整型

7 將完成基礎發酵後的麵團分割成 8 等份（每個約 120 克）。

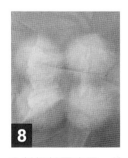

8 分割好麵團滾圓，放在盤子上蓋上濕布，讓麵團進行鬆弛約 15 分鐘（夏天冷藏 / 冬天 室溫鬆弛）。

9 鬆弛完成後，用擀麵棍將麵團擀成長形。

10 將擀開的麵團翻面，轉成上下短左右長的長形，麵團下方略微捏平。

C 最後發酵

11 由上往下逐步將麵團捲起,整成橄欖形麵團。

12 整型完成麵團放入烤盤,覆蓋濕布置於密閉空間進行最後發酵約 30 分鐘,直至麵團兩倍大。

13 最後發酵完成入爐前 10 分鐘,於麵團表面撒粉,割劃出三條斜線。

D 烘烤

14 確認烤箱已達預熱溫度,麵團放入烤箱烘烤約 16 ～ 20 分鐘,上色關上火。出爐後重敲放涼。

E 組合

15

16

將橄欖形麵包側邊以麵包刀自長邊切開不斷,塗上適當內餡(做法請見 P.87「寶華不藏私」之「維也納麵包內餡這樣做!」)即可。

寶華貼心話

1 奶粉可以用高筋麵粉替代,冰水亦可改用冰鮮奶。

2 這個份量約為 7 ～ 8 個,Dr. Goods 烤箱硬擠可以一盤烤完,如果要漂亮,得分兩次烤。但仍建議擺放於烤盤時要有間距,不要相黏,避免側面不上色,腰縮皺皮。

寶華不藏私

維也納麵包內餡這樣做!

維也納麵包的配方沒有使用老麵,或是中種法、液種法等,純粹是簡單的直接法,非常適合新手嘗試。

加上內餡也非常好吃!

在此提供 3 款內餡供大家參考:

1 無鹽奶油 250 克 + 顆粒細砂糖 30 克 + 奶粉 30 克拌勻即可。

2 奶油乳酪 250 克 + 糖粉 100 克 拌勻即可。

3 無鹽奶油 100 克 + 煉乳 30 克 + 顆粒細砂糖 30 克拌勻即可。

以上配方製作出的內餡份量較多,請酌量使用,也可以當作貝果或吐司抹醬。其中無鹽奶油都可以使用「發酵奶油」替代,帶有淡淡的香味。而砂糖則建議使用帶有顆粒感的特砂或二號砂糖,增加咬嚼的樂趣,清脆可口。

迷你動物
小貝果

麵包披薩

我們家的小朋友會向我點餐，某天突然跟我說：要吃媽咪做的貝果，而且是小小的貝果！

沒問題！那就來做小朋友限定版的迷你貝果吧！

做好後，我又幫它做了點裝飾，看起來更可愛，成功擄獲小朋友的心！尤其這個小貝果超有嚼勁，直接吃或是剖開塗果醬、夾餡料都很方便。

小小的很迷你，比成人的手掌還小耶，很可愛吧！

食譜來源：小星星
食譜示範：小星星

份量	10 個
攪拌機	KitchenAid 升降式攪拌機
烤箱	水波爐
烤溫	上下火 200℃
烘烤時間	16 分鐘
最佳賞味期	3 天

材料

貝果主體

高筋麵粉	300 克
速發乾酵母	3 克
牛奶	180 克
白砂糖	25 克
鹽	5 克
植物油	5 克

燙貝果的糖水

水	800 克
砂糖或蜂蜜	10 克

裝飾

融化巧克力	適量
南瓜子	適量

做法 Step by Step

1 將貝果主體材料放進攪拌缸，預留一些牛奶，視麵團吸水狀況再慢慢加入。

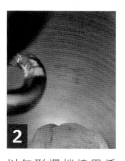

2 以勾形攪拌棒用低速將材料打成光滑不黏手的麵團（約10分鐘），貝果不需打出薄膜。若無攪拌機，手揉亦可。

3 完成的麵團整成圓形，表面噴水放在密閉空間裡發酵半小時。時間到以手指沾水戳入麵團，凹洞不回彈即可。

4 發酵完成後，輕壓麵團排氣，再分割成10份（每份50克）的小麵團。

5 將小麵團滾圓後蓋上濕布或保鮮膜，鬆弛10分鐘。

6 將小麵團揉成長橢圓形。

7 用擀麵棍擀成一個長長的橢圓形麵皮。

8 將麵皮翻面轉成橫向，用手整成長方形，底部以手指往外壓出鋸齒狀。

9 將麵皮由上往下捲好，捲完後鋸齒狀剛好黏住收尾，將整條麵團滾一滾。

10 然後在頭尾二端，分別搓成尖尾以及壓出像湯匙的形狀。

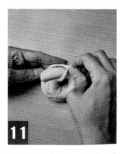

11 將尖尾放在湯匙形麵皮上面，包好後仔細黏起來。

Tips
要確實把接口捏緊黏好，之後才不會鬆開變形，然後把接縫全部翻到同一面。

C 最後發酵

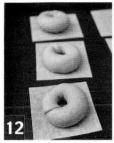

12

烤盤上將饅頭紙整齊放好，再把整型好的貝果放上，光滑漂亮面朝上。

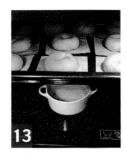

13

整型完將麵團放入烤盤，置於密閉空間進行 30 分鐘最後發酵，發酵時間愈久，口感會愈軟。

D 燙貝果

14

發酵完成前 5 分鐘煮糖水。將糖和水放入厚底鍋，以大火將糖煮溶，水滾改小火，以最小火維持溫度即可。

15

將發酵好的貝果麵團放入糖水中，正反面各燙 15 秒。燙好後用濾網迅速撈起，水分瀝乾。

16

將燙好的貝果放進鋪上烘焙紙的烤盤上。

E 烘烤

17

確認烤箱已達預熱溫度，將麵團放入烤箱烘烤約 16 分鐘至金黃色即可。

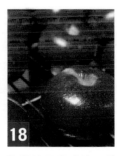

18

烤好的貝果略涼，將貝果們移到烤網上透氣放涼，底部要通風才會乾爽。

F 裝飾

19

巧克力隔水加熱融化，貝果放涼後，畫上眼睛跟嘴巴，用南瓜子當耳朵。

小星星貼心話

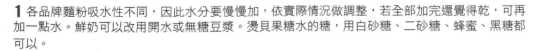

1 各品牌麵粉吸水性不同，因此水分要慢慢加，依實際情況做調整，若全部加完還覺得乾，可再加一點水。鮮奶可以改用開水或無糖豆漿。燙貝果糖水的糖，用白砂糖、二砂糖、蜂蜜、黑糖都可以。

2 糖水是提供表皮甜脆的來源，也幫助上色。開最小火維持糖水溫度即可，不要開大火，否則烤好的貝果會很皺，燙的時間愈久，皮也愈硬。

雪鹽佛卡夏

麵包披薩

在義大利，佛卡夏就像台灣的蔥油餅，能單吃能夾餡，能當餐前麵包，也能當點心，好吃又容易做；只要擺上黑橄欖或喜歡的蔬菜，灑上義大利香料和起司粉，一點點岩鹽或鹽之花提味，就是一款美麗又營養的餐點，也是找騙小朋友吃甜椒的好方法呢！

食譜來源：李韻如
食譜示範：李韻如

份量	4 個
攪拌機	KitchenAid 升降式攪拌機
烤箱	Dr.Goods
烤溫	上火 200℃ / 下火 230℃
烘烤時間	14 分鐘
最佳賞味期	室溫 1 天，冷凍 1 週。

材料

麵包主體
培根切小丁	150 克
冰鮮奶	200 克
冰無糖優格	100 克
冰水	120 克
速發酵母	7 克
高筋麵粉	600 克
細砂糖	50 克
磨碎黑雪花鹽	8 克
橄欖油	15 克

餡料
小馬鈴薯	3 顆
橄欖油	少許
義大利香料	少許
岩鹽或鹽之花	少許
孜然粉或黑胡椒	少許
小蕃茄或紅甜椒和青花菜	少許

註 黑雪花鹽若不易購買，可以一般海鹽替代。

做法 Step by Step

A 基礎麵團

1 先將培根炒到水分收乾，香味出來，關火起鍋備用。

2 依序將鮮奶、優格、冰水、細砂糖、高筋麵粉和速發酵母放入攪拌缸，以低速攪拌成團。

3 將黑雪花鹽加入，以低速打2分鐘出筋。

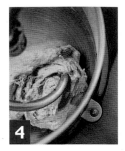

4 續將橄欖油加入，仍低速打到油吃進去，再轉中高速打5分鐘即可至擴展階段。

Tips

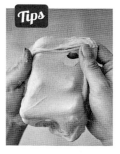

只要到擴展階段即可，不需打到薄膜，麵團離缸終溫25℃。

5 再加入炒熟培根和少許黑胡椒打均勻。

6 加蓋密封，放進微波爐或烤箱中，裡頭放一杯熱水，做基礎發酵約1小時。

B 二次發酵

7 直至麵團膨脹約兩倍大，手指沾粉戳洞不會回彈。取出麵團平分成四份，排氣摺疊滾圓。

8 麵團放在盒子或烤盤上，蓋上塑膠袋，讓麵團進行二次發酵約30分鐘。

C 整型

9 麵團鬆弛後取出一團搓長，以擀麵棍擀成長方形，置於烤盤上。

10 馬鈴薯切片，撒上岩鹽、黑胡椒或孜然粉烤熟，把切成小小的青花菜燙熟、甜椒切丁備用。

11 麵團用手指壓凹，放入蔬菜，將各式蔬菜錯落有致地擺放在麵團上。

12 麵團彼此要間隔，全部放好後，上面均勻刷上一層橄欖油，包含蔬菜也要刷。

13 最後均勻撒上岩鹽、義大利香料。

14 整型好的佛卡夏麵團，加蓋置於溫暖密閉的空間進行最後發酵約半小時（室溫發酵約50分鐘）。

烘烤

15 確認烤箱已達預熱溫度，將麵團放入烤箱下層烘烤約14分鐘。出爐後，馬上在上頭刷上一層橄欖油，放稍涼就可切塊即食。

韻如貼心話

1 如果要保存，放到全涼後密封放冷凍，要吃的前一晚拿出來室溫退冰，噴些水用小烤箱回烤兩分鐘即可。

2 若能使用迷迭香浸泡的橄欖油，會更有香料味道。

3 可以把蔬菜換成德式臘腸、玉米筍或橄欖也很好吃，而且麵團裡的培根也能換成火腿，或者不加也行，直接放一點香料也很好吃。

4 如果沒有優格，可以用鮮奶取代，但鬆軟度還是加優格比較好吃喔！

5 如果很怕橄欖油的味道，可以換別的油，不過就是少了一點義大利味啦！

6 做成甜的口味，只要將火腿改成蜂蜜丁，表面塗刷融化奶油，蔬菜改為巧克力豆和胡桃，義大利香料改成小麥胚芽粉，就是超美味甜Q佛卡夏。

黑眼豆豆麵包

麵包披薩

　　無意間在網路上看到這款麵包的名字，好奇也覺得可愛，突然想到自己在烘焙展時，買了一大袋巧克力豆豆，至今仍未動工，於是便嘗試了一次。

　　原來參考的食譜沒有任何裝飾，自己喜歡撒粉，看起來比較有質感，沒想到頗受好評，不只人人喜歡，小孩也很愛這款造型，於是就成了我騙小孩的祕密武器。

食譜來源：賴寶華
食譜示範：賴寶華

份量	24 顆（25 克／顆）
攪拌機	國際牌麵包機
烤箱	晶工 7450
烤溫	上火 190℃／下火 140℃
烘烤時間	8 ～ 12 分鐘
最佳賞味期	冷藏 2 天

材料

高筋麵粉	300 克
鹽	6 克
砂糖	30 克
深黑可可粉	20 克
全蛋	60 克
軟化無鹽奶油	24 克
水滴巧克力	適量
速發酵母	3 克
（或是新鮮酵母 9 克）	
牛奶	156 克
（可以預留 20 克後加）	

做法 Step by Step

A 基礎麵團

1

材料除了無鹽奶油外放鋼盆,預留 20 克牛奶慢慢加,以慢速攪打 3 分鐘,再轉中速攪打 3 分鐘,成團備用。

2

加入軟化的無鹽奶油,以慢速攪打 4 分鐘,再轉中速攪打 4 分鐘。

Tips

3

天氣熱建議材料先冷凍至少半小時,幫助降低終溫,或攪打過程中塞入保冷劑。

3

麵團有薄膜時,滾圓收口朝下,放入抹油鋼盆,蓋濕布做基礎發酵約 60 分鐘至麵團兩倍大,完成基本發酵。

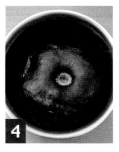

4

完成基礎發酵時間到,以手指沾麵粉,戳進麵團中,若凹洞不回復,表示基礎發酵完全。

B 整型

5

將基礎發酵完成的麵團分割成 24 等份(每個約 25 克)。

6

分割好麵團滾圓,放在烤盤蓋上濕布讓麵團進行中間發酵約 15 分鐘。

7

中間發酵完成用擀麵棍將麵團擀平。麵團翻面,包入適量巧克力豆。

8

收口捏緊滾圓,收口朝下擺放。

C 最後發酵

9

整型完成麵團放烤盤,覆蓋濕布置於密閉空間進行最後發酵約 40〜50 分鐘,至麵團兩倍大。

10

入爐前於麵團表面噴水撒粉做裝飾,如不撒粉可以刷上一層蛋液。

D 烘烤

11

確認烤箱已達預熱溫度,放進烤箱烘烤約 8〜12 分鐘即可。出爐後重敲,置於涼架上放涼。

98

寶華貼心話

1 深深黑可可粉可以用一般可可粉替代。鮮奶可用冰塊水代替。

2 這個份量約為 24 個，小餐包狀晶工烤箱可以一盤烤完，時間要延長約 20~25 分鐘，如果要做成花圈狀造型，得分兩次烤。但仍建議擺放於烤盤時要有間距，不要相黏，避免側面不上色，腰縮皺皮。

關於賴寶華

愛上烘焙 樂在其中

不知道從什麼時候開始，我就愛在廚房裡舞鍋弄鏟、煮飯、做菜給阿公阿嬤吃。做著做著，我竟愛上窩在廚房裡的料理時光……。

國小時，堂姊教了我一些技巧，在懵懵懂懂中，做出了人生第一個戚風蛋糕，從此愛上烘焙、翻轉了我的人生。但是這一路上跌跌撞撞，讓我異常辛苦。一直到我遇上我的真命天子—我的老公！

老公以行動表現對我的支持，無論我做什麼，就算是失敗品，他也二話不說吃進去；廚房裡缺了什麼，也是鼓勵我去買齊器具、食材；想做什麼新產品，他也和我一樣躍躍欲試……，老公的全力支持與鼓勵，讓我的烘焙之路更精彩、更有信心，才能繼續走下去……。

因為在學習烘焙之路上，遇到了很多瓶頸，2016 年剛好看到「Jeanica 幸福烘培」社團時，非常欣喜立刻加入。而一支「戚風蛋糕」的影片在社團上分享後，讓我成了社團裡的風雲人物，簡直讓我受寵若驚。透過我的分享，讓許多網友的戚風成功了，他們爭相私訊傳相片來分享及感謝我，讓我感到很欣慰之餘，也覺得替社團做了有意義的事。

謝謝社團嘉慧管管邀請，讓我很榮幸有這個機會可以跟其他 11 位老師一起參與社團第一本公益食譜書的拍攝，在這本書中，我做了 3 款麵包，都是家中大人小孩最愛吃的，希望讀者們會喜歡，同時也期待這本幸福食譜能夠帶給更多新手信心，讓更多人做出愛心與美味兼具的麵包、蛋糕與點心，分享給身邊的親朋好友。

歡迎大家一起來玩烘焙！

鱷魚餐包

麵包披薩

　　這是為了捉弄老公才想出來的麵包！每天，我會為老公準備營養早餐，讓他帶到公司享用。某日，普通的三明治、漢堡已經無法滿足我，所以決定嚇嚇老公！烤了一隻大鱷魚，中間夾上三明治的基本餡料，用錫箔紙包起來。他帶著早餐吃「烤蕃薯」的心情打開包裝，發現竟是隻鱷魚，哭笑不得地吃下這份特製的愛妻早餐！

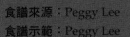

食譜來源：Peggy Lee

食譜示範：Peggy Lee

份量	9 個（55 克／個）
攪拌機	KitchenAid 升降式攪拌機
烤箱	Dr.Goods
烤溫	上火 140℃／下 170℃
烘烤時間	18～20 分鐘
最佳賞味期	冷藏 3 天，冷凍 1 週。

材料

中種麵團		主麵團	
高筋麵粉	220 克	高筋麵粉	45 克
酵母	3 克	抹茶粉	5 克
無糖優格	70 克	糖	40 克
鮮奶＋蛋	120 克	鹽	4 克
（比如蛋 55 克鮮奶 65 克）		無鹽奶油	30 克
		竹炭粉	1/2 小匙

A 基礎麵團

1 中種麵團材料放缸盆，用筷子拌勻。室溫 1 小時或冷藏 6 ～ 24 小時都可使用。

2 中種麵團切 8 塊，和主麵團所有材料，除無鹽奶油、竹炭粉外，一起放鋼盆內。

3 用中速以勾形攪拌棒攪打至筋性（若使用麵包機約 8 分鐘）出現。

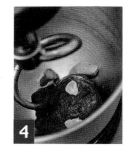

4 將無鹽奶油加入。

5 繼續以中速打到完全擴展階段，可拉出薄膜（麵包機總共打 15 分鐘）。

6 工作檯抹油，麵團取出略微整圓後覆蓋濕布或保鮮膜防止表面風乾，進行基礎發酵約 20 分鐘。

7 基礎發酵完成，麵團呈現約兩倍大。以手指沾粉測試，麵團凹洞不回復。

B 整型

8 將麵團分割成做為鱷魚主體的 9 個 55 克的麵團，及 1 個 40 克麵團。

9 將鱷魚主體麵團排氣滾圓，鬆弛 10 分鐘。

10 剩餘的 40 克麵團分成 30 克及 10 克。10 克麵團加竹炭粉。將麵團滾圓備用。

11 鱷魚主體麵團輕輕拍平擀開後翻面，由上往下捲起，收口捏緊，收口朝下，鬆弛 10 分鐘。

12 將鬆弛好的麵團搓成長條水滴狀。

13 以擀麵棍擀開,將右邊稍微拍扁。

14 從寬的那端開始往上捲,捲起時要往右邊歪,這樣才會左寬右窄。

15 在麵團寬的那端加上眼睛和黑眼珠。

16 在麵團窄的那端加上鼻孔。

C 最後發酵

17 整型完將麵團放入烤盤,覆蓋濕布,置於密閉空間進行最後發酵約 40 ～ 60 分鐘至麵團兩倍大。

D 烘烤

18 確認烤箱已達預熱溫度,將麵團放入烤箱烘烤約 18 ～ 20 分鐘,出爐後重敲,置於涼架上放涼。

19 可愛的鱷魚麵包就完成了。

Peggy 貼心話

1 鱷魚餐包放涼後從中間橫剖開,可夾入任何喜歡的果醬或做成三明治喔!

2 很多社員做的時候眼睛位置都會跑掉,原因大致是眼睛麵團太大及眼睛放置的位置太後面,略微修正後,鱷魚餐包的形狀就會漂亮很多。

3 放置眼睛麵團前,可以在主麵團上噴點水,有助於固定眼睛麵團。

綿綿小軟法

麵包披薩

綿綿小軟法是女兒最愛的麵包，口感軟綿綿，非常好吃！我試了很多種配方、烤溫和時間，終於抓到不上色卻又能烤熟的小軟法是怎麼做出來的，再從原味做出兩種變化款，營養豐富又好吃喔！

這款小軟法，只要吃上一口，就停不下來喲！真心推薦給大家！

食譜來源：李韻如
食譜示範：李韻如

份量	30 個
攪拌機	KitchenAid 升降式攪拌機
烤箱	Dr.Goods
烤溫	上火 200℃／下火 230℃
烘烤時間	15 分鐘
最佳賞味期	室溫 3 天，冷凍 1 週。

材料

優格	110 克
鮮奶	200 克
冰水	60 克
細砂糖	40 克
高筋麵粉	500 克
速發酵母	5 克
鹽	4 克
無鹽奶油	30 克
乳酪丁	適量

A 基礎麵團

1 將鮮奶、優格、冰水、砂糖、高筋麵粉和速發酵母放入攪拌缸。

2 用勾形攪拌棒以低速攪拌成團。

3 加鹽，以低速打 2 分鐘出筋，續加入奶油，以低速先打勻，再轉中高速打至擴展階段。

Tips
麵團攪打只要到擴展階段即可，不需打到薄膜。

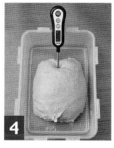

4 麵團離缸的終溫為 24℃。將麵團加蓋密封，放進微波爐中，放杯熱水做基礎發酵約 1 小時。

5 1 小時後，準備做翻麵動作。取出麵團拍平。

6 將麵團拍成長條形麵皮。

7 先摺起 1/3 麵皮。

8 再摺起另外 1/3 麵皮。

9 將摺好的麵皮再拉成長形。

10 再依步圖 8 ～ 9 的方式，將麵皮摺好。

Tips
翻麵影片看這裡！

11

將麵團放入盒中加蓋密封，放進微波爐中，放杯熱水做再發酵約 30 分鐘。

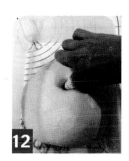

12

直至麵團膨脹約兩倍大，手指沾粉戳洞不會回彈。

13

發酵完成後，將麵團分割成 30 個小麵團（每個 30 克）。

14

麵團分割好摺疊滾圓，放在烤盤上，加蓋讓麵團進行鬆弛約 10 分鐘。

B 整型

15

鬆弛過的小麵團，先用手拍扁，再擀成橢圓形麵皮。

16

麵皮翻面，拍掉氣泡，底部以手指將麵皮壓扁。

17

將乳酪丁放在麵皮最上方。

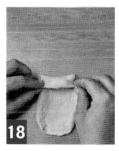

18

由上而下抓兩側往下捲起來，將兩頭搓緊，底部封緊朝下。

C 最後發酵

19

整型完成麵團放烤盤，覆蓋塑膠袋，置於溫暖密閉空間進行最後發酵約 60 分鐘。

20

入爐前在麵團表面噴水、撒粉，於麵團表面割劃出一條直線。

D 烘烤

21

確認烤箱已達預熱溫度，放烤箱底層先烘烤約 10 分鐘，烤盤調頭續烤 2 分鐘，蓋上鋁箔紙再烤 3 分鐘，出爐後重敲，立刻脫離烤盤置於涼架上放涼。

因為這款麵包太好吃了，於是大方再送上兩個配方，做法與綿綿小軟法一樣，僅「南瓜德式香腸」的整型略有不同。韻如不藏私，希望大家多多享用。

咖啡巧克力小軟法

材料

熱黑咖啡	60 克
無糖可可粉	30 克

（可可粉篩入黑咖啡中，攪勻放涼備用）
如果不用咖啡，可改 60 克 50℃ 溫水沖可可粉

無糖優格	110 克
鮮奶	220 克
冰水	20 克
細砂糖	50 克
高筋麵粉	500 克
速發酵母	5 克
鹽	5 克
無鹽奶油	40 克

南瓜德式香腸小軟法

材料

南瓜泥	230 克（蒸熟後多餘的水分瀝掉，放涼備用）
無糖優格	120 克
冰水	85 克
細砂糖	40 克
高筋麵粉	500 克
速發酵母	5 克
鹽	4 克
無鹽奶油	40 克
小德式香腸	20 條（退冰擦乾）

整型重點

將麵團搓成長條形，接著滾長後，纏在香腸上，開頭必需被麵團壓住再纏上去，尾巴則要塞進麵團裡。

嘉慧管管
試吃心得分享

關於奶香地瓜麵包 P.65

老師的配方是專為孩子設計，內餡偏原味，嗜甜的朋友，建議趁熱，將地瓜泥拌入適量的糖，增添風味。

關於假日披薩 P.69

管理員的偷吃步——麵團擀開之後，利用烘焙紙隔開，將披薩麵皮冷凍保存，記得用塑膠袋密封好。想吃披薩時，只要拿出麵皮，稍微回溫，放上喜歡的食材，不用 30 分鐘，好吃的自製披薩就可以上桌，方便快速。

關於全麥麵包 P.73

多變美味的配方，口感不乾硬，除了做成橄欖形，也可以做成全麥核桃吐司，造型隨心所欲。

關於巨無霸德式香腸麵包 P.77

麵包鬆軟可口，起司片包裹德式香腸，再用長長的麵團纏繞起來，烘烤後不只爆漿，口口有料，豐富滿足，是一款極受歡迎的麵包。

關於起司培根司康 P.81

我想大力推薦的下午茶與露營良伴，方便攜帶，吃巧也吃飽，微溫的平底鍋稍微加熱一下，更有層次感。不論甜鹹，各有風味不同。

關於維也納麵包 P.85

保存方式提醒：可以將烤好冷卻的維也納麵包用袋子密封，冷凍保存。低糖低油的配方，退冰食用，香 Q 好吃。

關於迷你動物小貝果 P.89

配方中的牛奶如果改用冰水，就是全素配方。除了可愛的動物造型，也可以製作成美味的迷你貝果三明治。體積小，不要燙太久，避免厚皮，烘烤之後口感過於堅韌。

關於雪鹽佛卡夏 P.93

又是一道露營的好朋友，不論甜鹹，帶點 Q 勁的麵包體都讓人百吃不厭。

關於黑眼豆豆麵包 P.97

內餡除了巧克力豆，大力推薦麻糬以及奶油起司，與巧克力麵包體非常搭配。

關於鱷魚餐包 P.101

超級可愛的造型。不過，不是每個人都可以捏出鱷魚，如果烤箱打開，跑出食蟻獸或是彈塗魚，那也是很自然的事。

關於綿綿小軟法 P.105

口感柔軟，小巧可愛，微鹹的乳酪丁有畫龍點睛的神效，讓人一口接一口。

PART03
餅乾點心

小黑炭曲奇

餅乾點心

　　閒來無事，本來只是隨手做的巧克力曲奇，成品發表到
「Jeanica 幸福烘培分享」社團，有烘友提議若加上眼睛就
像小黑炭，恰巧有「糖果眼睛」在手，隔天立馬做了整盤的
小黑炭曲奇，結果大受烘友們喜歡。因為是烘友給我的好建
議，因此食譜獻給社團裡的每位社員，謝謝你們對曉靜的支
持與鼓勵！

食譜來源：劉曉靜
食譜示範：劉曉靜

份量	約 85 個
工具	花嘴 編號 7142
烤箱	Dr.Goods
烤溫	上火 100℃／下火 100℃
烘烤時間	90 分鐘
最佳賞味期	常溫狀態，賞味期 15～20 天

材料

無鹽奶油	140 克
糖粉	70 克
全蛋	1 顆
低筋麵粉	100 克
高筋麵粉	100 克
可可粉	30 克
鹽	少許
裝飾糖眼睛	少許

A 餅乾麵糊

1

將用手指輕壓奶油會下凹的無鹽奶油、鹽、糖粉放入大盆中。

Tips

奶油如果融化成液態是無法打發的,軟化的固態奶油才能將空氣打入。

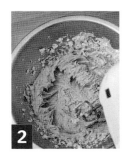

2

用手持電動攪拌器以高速攪打均勻。

3

再將全蛋加入,繼續以高速將全蛋與奶油攪打成羽毛狀。

4

將粉類(低粉、高粉、可可粉)加入打發的奶油中。

Tips

新手可以先將粉類過篩再加入。

5

攪拌器以高速在一分鐘內打勻,以免過度攪拌出筋。

6

將打好的餅乾麵糊裝入擠花袋內,將麵糊擠在烤盤上。

Tips

我個人習慣用這款擠花袋及擠花嘴。

B 烤前裝飾

7

擠滿盤後,再把「糖果眼睛」放在擠好的麵糊上,輕壓一下就可黏住。

Tips

糖果眼睛可以在烘焙材料行,或者網路上購得。

C 烘烤

8

確認烤箱已達預熱溫度,放進烤箱下層烘烤約45分鐘,將烤盤轉向,續烤45分鐘。時間到仍留在烤箱內燜5～10分鐘。

曉靜貼心話

1 烤箱溫度僅供參考，切記一定要低溫烘烤，不然糖果眼睛會融化。

2 如果想吃原味，也不放置糖果眼睛，將可可粉拿掉即可，置於烤箱中層，烤溫則以上下火 160℃ 烘烤，先烤 15 分鐘，烤盤轉向後續烤 15 分鐘，於烤箱內燜 5 ～ 10 分鐘，確保餅乾內部烤透。

3 使用擠花袋時，注意不要讓手溫溶解麵團裡的奶油，以照片為例，將麵團分成兩部分，一來是控制小份量，好施力；二來是避免手溫過高，影響麵團裡的奶油。

關於劉曉靜

「誤入歧途」愛上烘焙

會「誤入」烘焙「歧途」，得從 2014 年媽媽跟朋友買了幾包手工餅乾說起。因為閒來無事的研究，就誤入這「歧途」一直走到現在。

研究初期並不順利，雖然買了書，卻有看沒懂，但不想被人看扁，於是看書、上網找資料、加入烘焙社團不斷自學與研究，終於受到朋友認同，在她新店開張時，特別請我做餅乾做為她開幕誌慶活動上的點心。

認同感有了之後，因為覺得上網賣東西很「好玩」，開始「大顏不慚」的在臉書上開賣。當時手邊只有一台多年前開檳榔攤時打紅灰用的打蛋器，烤箱則是跟樓下超商借的，在這麼「陽春」的設備下，還真讓我賣出了好幾包餅乾。真是感謝當時捧場的朋友，你們的信任，成就了今天的曉靜。

這三年多來，我沒有上過任何烘焙課程，只靠自己不斷的學習。走向賣家之路，是無心插柳的結果，我的產品用料好，所以賺得少，但我卻樂在其中，因為我知道，今天能有這樣一點小小成就，是大家對我產品的不棄嫌，當然，老公一路在身後默默的支持，更是我最大的後盾。而感謝年幼時恩師對我的特別照顧，因而在能力許可下，逢年過節也會做些愛心餅乾給育幼院，和小朋友們分享。

沒有高學歷、不曾拜師、沒上過課的我，都能從社團裡、從烘焙書中自學，相信比我更聰明的你，一定也可以！一起來「誤入歧途」吧！

這裡找得到劉曉靜！

感恩焦糖
千層酥

餅乾點心

　　我和恩師一十幾年沒見面，最近這幾年聯絡上了，每次手作都只能用寄的，直到有一回恩師北上參加同學的婚禮，終於有機會和恩師再相聚。難得有這個機會，當然不能讓他空手而回，失敗無數次的千層酥，直到要跟恩師見面的前一天，還是以失敗收場，本想放棄了，卻又心有不甘。

　　就在要和恩師見面當天，我起了一大早，再次研究食譜，終於成功了，將成品送給恩師，也意外受到他的喜愛，因此這份食譜，我命名為「感恩焦糖千層酥」。

食譜來源：劉曉靜 / 食譜示範：劉曉靜
*此食譜為感謝恩師王薰禾老師（高雄市中正國小）而研發

份量	約 100 片上下
工具	刮板、三明治袋、叉子
烤箱	Dr.Goods
烤溫	上火 190℃ / 下火 190℃
烘烤時間	25 分鐘
最佳賞味期	室溫 20 ～ 30 天

材料

餅乾體
酥皮　10 ～ 12 片
（可用現成的）
室溫蛋白　　30 克
純糖粉　　　150 克
低筋麵粉　　20 克

焦糖液
動物性鮮奶油　50 克
細砂糖　　　　60 克
水　　　　　　15 克

註　建議選擇市售 13X13 公分大小的冷凍酥皮操作。

做法 Step by Step

A 焦糖液

1

動物性鮮奶油倒入鍋中,隔水加熱至微溫熄火,放在熱水鍋中直至焦糖煮好。

2

將細砂糖和水倒入鍋中,以小火加熱,煮到糖變成咖啡色時關火。

Tips

3

煮糖時若有煮不到的糖,可將鍋子拿起來左右搖動,千萬不要攪拌。

3

當焦糖煮好,倒入溫熱著的動物性鮮奶油,攪拌均勻。

Tips

做好的焦糖液要提起時有水滴狀才算完成,冷卻後會更具濃稠感。

Tips

焦糖液可提前製作好冰起來,冰過後的焦糖液提起滴落時有明顯皺褶感。

4

焦糖液製作完成,冷卻後裝入三明治袋中備用。

B 千層酥

5

取出冷凍酥皮(無需退冰),一片片分開放在兩個烤盤上。

6

酥皮約放5分鐘(以免酥皮過硬無法分割)後,用叉子在酥皮上戳出數個小洞。

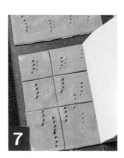

7

再用刮刀板切割成自己想要的大小,整齊排放在烤盤上。

Tips

切好的酥皮排放時,要各留一些空間。

C 蛋白霜

8

將室溫蛋白放入鍋中,用手持電動攪拌器以高速打到起小泡。

118

9

將糖粉加入，以手持
電動攪拌器攪勻。

10

將過篩的低筋麵粉
加入，同樣以手持
電動攪拌器攪勻成
蛋白霜備用。

11

蛋白霜裝入擠花袋
前，以攪拌匙再拌
一下，避免鍋內還
殘留粉類。

12

將蛋白霜放入擠花
袋中備用。

13

將擠花袋上方綁緊，
以免擠壓時漏餡。

D 組合

14

擠花袋尖端剪出小
洞，在切割好的酥
皮上，先畫上方形，
再於方形中間，擠
上一大點。

15

酥皮畫上蛋白霜之
後，烤盤輕敲兩下，
讓蛋白霜均勻散開，
置於一旁。請繼續
塗抹下一盤蛋白霜。

16

兩盤酥皮都塗完蛋
白霜後，用叉子的
柄，輕輕將蛋白霜填
滿整片酥皮。

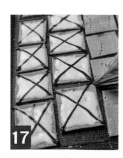

17

取裝有焦糖的擠花袋
剪一小洞，在塗滿蛋
白霜的酥皮上畫「X」
即可。

E 烘烤

18

確認烤箱已達預熱溫
度，放進烤箱下層烘
烤約 15 分鐘後將烤盤
調頭，續烤約 10 分鐘
出爐，稍微冷卻就可
封裝。

19

成品的底部需烤至
呈橘黃色，以免烤
不夠回軟。

「感恩焦糖千層酥」Q&A

Q 如果想做千層酥來賣，怎麼定價比較合理？

這是一款材料不貴卻費工的點心，個人建議約 23～25 個賣 150 元，算是合理的價位。

Q 蛋白霜需塗多厚？

只需要覆蓋掉酥皮顏色即可。選用中等大小的蛋，一份蛋白霜的材料一定可以塗滿 10 片酥皮，甚至 12 片。若蛋白霜無法塗滿 10 片酥皮，就表示塗太厚了。

Q 焦糖畫 X 為何畫得不漂亮？

焦糖和鮮奶油混合後快速攪拌均勻（此時溫度很高，請小心燙手），此一步驟若沒有做好，一來可能太水，無法畫出美麗線條；又或者煮焦糖時，沒有將糖融化好，與鮮奶油混拌就不會濃稠。若太水可再用小火煮 5～10 分鐘，邊煮一定要邊攪拌，確實將糖融化，冷卻後再倒入三明治袋中，放入冰箱冷藏，要用時拿出來無需退冰即可使用。建議擠花袋的洞不要剪太大，以免焦糖量過多。

Q 為何我的成品剛烤出來時很酥，但第二天就回軟了？為何第一次做很美，第二次減糖之後卻烤醜了？

千層酥的底一定要烤到橘黃色（如步驟 19 的圖）才算合格。正確烤出來的感恩焦糖千層酥可常溫保存 20 天。請烘友勿輕易更改食譜，若覺得甜可增加酥皮的量，但其他材料不變，千萬不能自行減糖，以免失敗！

Q 為什麼我的成品總是不夠膨？

烤箱的預熱溫度一定要到達 190℃，才能將烤盤放入烤箱下層。先烤 15 分鐘後，將烤盤調頭（調頭速度要快，以免烤箱溫度下降），再烤 10 分鐘，全部的烘烤時間為 25 分鐘。烤箱的預熱溫度若達不到 190℃，入烤後酥皮就無法膨起來。但請注意，烤箱溫度僅供參考，讀者可依自家烤箱溫度再調整。

左一左二：預熱溫度不到
右一：正確烤溫

Q 為什麼要將動物性鮮奶油保溫？

將動物性鮮奶油保溫的目的，是為了在與焦糖混合的瞬間，不要發生劇烈噴濺。此時溫度高，操作時請務必小心，以免燙傷。

Q 我的酥皮為什麼黏黏的，很難操作？

冷凍酥皮不可等到完全退冰後才分片，否則會全部黏在一起。

Q 一次要做多少的量比較好呢？

　　食譜中蛋白霜是最少的量，再少就不容易打。這樣的量可以在 10 ～ 12 片酥皮上塗抹完，因此建議一次先將 10 ～ 12 片（也就是兩盤酥皮）塗抹好蛋白霜（步驟 14），再做下一個步驟，以免蛋白霜乾掉無法使用。另外蛋白霜建議大家一次使用完畢。尤其這一、兩年雞蛋常發生問題，因此打完的蛋白霜，一次使用完畢較保險。

兩盤酥皮畫蛋白霜及焦糖的順序如下：

第一盤（步驟 14）→第一盤（步驟 15）→第二盤（步驟 14）→第二盤（步驟 15）→第一盤（步驟 16）→第二盤（步驟 16）→第一盤、第二盤（步驟 17）

謝謝我的恩師—王薰禾老師
因為有他，才有「感恩焦糖千層酥」！

　　會能做出「感恩焦糖千層酥」，真的得感謝我的恩師——王薰禾老師。

　　27 年前，父母親剛離異，正值青春期的我，徬徨無助。是您伸出手，幫助我渡過那段最難熬的日子。如果當時沒有老師對我的諄諄教悔，就沒有現在的我，您對我的恩惠，我一直謹記在心，不曾忘記。

　　畢業之後，因為疏於聯絡，我和老師失聯了。這一別就是 20 多年。即使老師不在身邊，但是您對我的愛護與叮嚀，我仍謹記在心，時刻不敢忘記。前幾年憑著記憶中的電話號碼，終於聯絡上老師，真是太開心了，完全沒想到老師仍然記得我，而且對我的印象依舊那麼清晰。

　　為了想見上老師一面，同時也想表達內心的感謝，我憑著想像著手試作「感恩焦糖千層酥」，試過多次、失敗多次，終於在和老師碰面的當天早上成功了！沒想到老師很愛這一味，還立刻給了我一筆大單，一口氣跟我訂了 40 盒，與身邊的朋友分享（還訂了兩次）。分開這麼多年，老師對我的照顧依然那麼多、給我的鼓勵仍舊那麼大，您的恩情我這輩子也還不完，只能每次一有新作品，就立刻和老師一家人分享，希望藉由這小小的禮物，表達我對老師的感謝。

　　因為您讓我學會分享、學會感恩，沒有您的鼓勵，就沒有今天熱愛烘焙的劉曉靜；沒有您的付出，就沒有今天幸福快樂的劉曉靜。老師，由衷地謝謝您，您對我的付出，我感受到了，今後我也會繼續堅持和老師一樣的理念，幫助更多的人，這也是我對老師最好的報答。

可愛獅子餅乾

餅乾點心

　　兒子是個超級會流口水的獅子座寶寶，不誇張，就像小蝸牛一樣，凡走過必留下一道口水痕！

　　長輩說，傳統習俗要為四個月大的孩子「收涎」，原本考慮做糖霜餅乾，但糖霜餅乾需要大量的糖和色素。這個小獅子餅乾不只造型可愛，而且低糖、零色素，操作也簡單，重點是很好吃。

　　可以開心地和親朋好友一起分享寶只的成長過程，真的很幸福！一起來動手做吧！

食譜來源：Peggy Lee
食譜示範：Peggy Lee

份量	36 片
工具	花型餅乾模
烤箱	Dr.Goods
烤溫	上火 120℃ ／下火 150℃ 烤 40 分燜 10 分
烘烤時間	50 分鐘
最佳賞味期	7 天

材料

無鹽奶油	100 克
糖粉	80 克
蛋	1 顆
低筋麵粉	220 克
無糖可可粉	10 克

做法 *Step by Step*

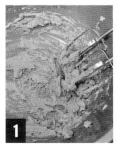

1
將室溫軟化的無鹽奶油放入鋼盆，用打蛋器打鬆。

2
將糖粉加入，繼續攪打均勻。

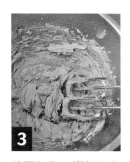

3
將蛋加入，攪打至與奶油完全融合，呈現羽毛狀。

4
將低筋麵粉過篩，加入鋼盆內，用刮刀切拌至成團，即為原味餅乾麵團。

5
以切拌方式混合均勻，避免過度攪拌讓麵團產生筋性。

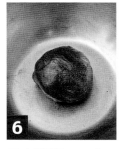

6
原味麵團取 250 克，加入無糖可可粉，混合均勻即為巧克力麵團。

7
分別將原味麵團和巧克力麵團放入塑膠袋，進冰箱冷藏靜置 1 小時就可開始操作。

B 整型

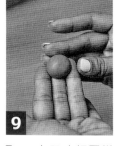

8
工作檯鋪上保鮮膜，放上可可麵團，擀平約 1 公分厚，用餅乾模壓出獅子鬃毛，放在鋪有烘焙紙的烤盤上。

9
取 15 克原味麵團搓圓，中間切一刀，略微整圓，即成為獅子臉型。

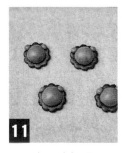

10
將獅子臉型放在獅子鬃毛的可可麵團上。

11
取 1 克原味麵團，分成 2 份搓圓，放在獅子臉的左右兩旁即為耳朵。

C 烘烤 & 烤後裝飾

12
確認烤箱已達預熱溫度，放進烤箱烘烤約 40 分鐘，時間到再燜 10 分鐘，烤好取出放涼，用融化巧克力畫上五官就完成了。

Peggy 貼心話

右：麵團捏出的五官
左：融化巧克力畫出的五官

1 壓模時可以撒一點高筋麵粉防沾黏，如果麵團太軟不好塑型，可隨時放回冰箱冷藏 30 分鐘。

2 如果不嫌麻煩，可以用巧克力麵團捏出眼睛、鼻子、嘴巴，直接放在獅子的臉上再一起進烤箱烘烤，與用融化巧克力畫五官呈現出的效果不太一樣喔！

關於 Peggy

用烘焙，分享幸福！

第一次接觸烘焙應是在小學的時候，從電視上看到做戚風蛋糕的教學影片，心想：其實不難嘛！興致匆匆地找出手持打蛋器，用手打了接近半小時，自以為很完美地放進烤箱。結果，蛋糕沒熟，宣告失敗！

真正愛上烘焙是大學時期，利用課餘時間上烘焙課，很幸運地遇到一位好老師，當我遇到瓶頸，隨時在網路上詢問她，她總是很樂意地幫我找出問題所在，即使上完課了，我和老師卻成了無話不談的好朋友，她除了是我的烘焙啟蒙師，也像媽媽一樣照顧我。

由自己學習烘焙的過程中，我可以體會剛接觸烘焙的新手一定會有千百個問題，做每個步驟時，都像開始學走路的孩子般，每踏出一小步，很多不確定與自我懷疑是否正確，因此擁有一群共同嗜好的烘友們，在社團裡分享自己成功的經驗和食譜，那種肯定和歸屬感是旁人無法感受到的！

幫助烘友們找尋失敗因素的過程中，不僅僅是教學相長，當他們成功做出滿意的成品，我也會隨著他們的心情感到開心、滿足、很有成就感！做任何事都沒有捷徑，沒有所謂天生好手，每個人都是從零開始，量力而為，別急！慢慢來，勤練習一定會成功的！

烘焙對我而言是興趣、是抒壓、是分享幸福的途徑，為了孩子們，我做的點心漸漸偏向減油少糖，絕對不加添加物，用隨手可得天然的食材做變化。不需要專業的器材或多高級的食材，能輕鬆為家人朋友們做出簡單、健康、可愛又美味的糕點，就是我一直努力的目標！我們在烘焙的道路上，一起努力吧！

蜂蜜桂圓核桃派

餅乾點心

用蜂蜜的清甜與香氣取代砂糖的甜膩，加上桂圓的天然香甜點綴，與核桃一起共譜這美麗動人的旋律。身為堅果迷，一定要試試這低油、低糖，且符合健康又養生的核桃派！

烘烤出爐後，香氣極為誘人且令人著迷，是老少咸宜的款甜點，很值得試看看喔！

食譜來源：Stephanie
食譜示範：Stephanie

份量	10 吋不沾分離派盤
烤箱	Dr.Goods
烤溫	上火 180℃ / 下火 180℃
烘烤時間	38～40 分鐘
最佳賞味期	室溫 3 天，冷藏 5 天，冷凍 14 天

材料

雙層派皮		內餡	
無鹽奶油	100 克	核桃	300 克
低筋麵粉	300 克	桂圓	80 克
全蛋	1 顆	龍眼蜜	80 克
水	適量	無鹽奶油	20 克
糖	50 克	牛奶	150 克
鹽	2 克	桂圓水	50 克

註 1 核桃先以180℃烘烤5～8分鐘置涼備用。
2 桂圓用水泡軟（約 12～15 分鐘）後，分成瀝乾的桂圓肉及桂圓水備用。

A 派皮

1 冰的無鹽奶油切成小塊,放入鋼盆中,篩入低筋麵粉,用手指頭捏合。

2 慢慢地揉捏,使奶油混入粉中,成為細沙狀。

3 續加入糖、鹽,輕輕拌勻。

4 加入冰的全蛋與適量冰水(蛋與水的量最多在 100 ～ 112 克間),先以刮刀壓拌方式攪拌。

Tips

再用手壓拌使麵團成型。

5 將麵團分為兩個派皮麵團,以保鮮膜包起來並壓扁,冷藏至少一小時。

6 取出冷藏過的派皮麵團,以擀麵棍擀成圓形,面積需大於派盤。擀派皮過程請撒手粉操作,避免黏手。

7 將派皮放在派盤中,以手指腹輕壓使派皮貼合於派盤,同時底部的派皮需與派盤伏貼。

8 超出模高的派皮,可以用刮板沿模切除。

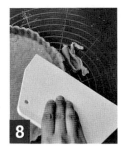

9 以叉子將派皮戳好洞,冷凍備用。

B 內餡

10 將龍眼蜜、奶油、牛奶、桂圓水放入鋼盆中,以中小火邊加熱邊攪拌,煮滾後關火。

11 將核桃及桂圓肉加入,拌勻冷卻後備用。

組合

12 取出戳好洞的派盤，倒入步驟11的內餡，以攪拌刮刀鋪平。

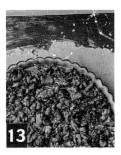

13 取出另一團派皮，擀成面積大於派盤的圓形。

14 利用刮板將派皮剷起，放在擀麵棍上。

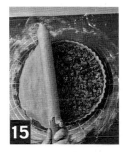

15 再移動擀麵棍，將派皮覆蓋於派頂上。

16 以手指腹輕壓，使上下派皮黏緊。

烘烤

17 多餘的派皮以刮板切除，蓋印上可愛圖案，覆蓋於派頂上裝飾（尤其是派皮有破裂或不完美之處）。

18 將核桃派冷藏鬆弛約 15～20 分鐘，此時預熱烤箱，進烤箱前先於派頂抹上全蛋液。

19 確認烤箱已達預熱溫度，將烤模放進烤箱中層烤盤上，烘烤約38～40分鐘，出爐完全冷卻後再脫模。

Stephanie
貼心話

1 若使用波士頓派盤或是會沾的固定盤，要抹奶油撒粉，再把多餘的粉倒出！擀製派皮的過程中，可以撒粉以方便操作。（高筋、中筋、低筋皆可）

2 上下派皮務必黏緊，以免烘烤時爆餡（右圖），烤模置於烤盤上烘烤，也避免爆餡時難以清洗。

3 核桃桂圓派儘可能使用冷藏的材料，諸如蛋、麵粉、水、無鹽奶油等，其作用是為僻免因食材的溫度及手溫導致奶油融化，讓派皮的口感不酥脆。

義式鮮奶酪

餅乾點心

　　有間很喜愛的餐廳，飯後甜點就是奶酪，肚子吃得再飽，我還是可以把奶酪吃光。進入烘焙世界後，奶酪是我很常做的點心，也是冰箱必備品，超級簡單的奶酪，不用任何技巧就可以完成，淋上自製的焦糖奶油蘋果醬，整個質感大提升，迷人的層次口感，讓人忍不住一口接一口。

　　奶酪 5 分鐘就完成，果醬卻花了 40 分鐘，但是，等待的美味是值得的！

食譜來源：陳靜怡

食譜示範：陳靜怡

份量	奶酪 6 個 / 果醬約 160 克
模型	保羅瓶
最佳賞味期	奶酪冷藏 3 天 果醬冷藏 1 個月，冷凍半年

材料

奶酪

吉利丁	3 片
鮮奶	200 毫升
鮮奶油	200 毫升
白砂糖	50 克
香草莢	半隻

果醬

蘋果切碎	200 克
奶油	20 克
鮮奶油	60 克
白砂糖（A）	15 克

焦糖醬

白砂糖（B）	50 克
冷水	2 大匙
熱水	2/3 大匙

做法 *Step by Step*

A 鮮奶酪

1
將吉利丁剪成 4 等分，泡冰水備用。

2
將鮮奶、鮮奶油、糖及香草莢放入厚底鍋中，以文火加熱，直至糖融化，溫度約在 50～60℃ 關火。

Tips

香草莢剝半，將籽取出後，連同香草莢一同放入鮮奶中。

3
將泡軟的吉利丁擰乾水分，放入步驟 2 的鮮奶液中。

4
將鮮奶液與吉利丁攪拌均勻，再過濾一次成均勻奶酪液。

5
奶酪液裝入容器，待涼後，冷藏 4 小時以上即可。

B 焦糖奶油蘋果醬

6
將果醬材料中的蘋果、奶油及糖（A），一起放入小鍋中。

7
以小火熬煮，將材料煮沸。

8
煮沸後蓋上鍋蓋煮 10 分鐘，熄火燜 10 分鐘，盛起備用。

9
鮮奶油倒入另個小鍋中，以平底鍋隔水加熱至邊緣冒泡後，熄火保溫。

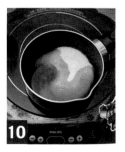

10
將糖（B）、冷水 2 大匙放入小鍋中。

11
以小火煮 7～8 分鐘，切記不攪拌，可稍微搖晃，幫助均勻混合。

熱煮過程見砂糖顏色，由焦糖色轉成深咖啡色，並冒大泡，熄火後立刻加入 2/3 大匙熱水。

加入熱水後，焦糖液就完成。但加入熱水時，鍋中會噴濺，要小心注意。

煮焦糖示範影片看這裡！

將奶油蘋果、鮮奶油加入焦糖醬中。

蓋上鍋蓋以小火熬煮 5 分鐘，熄火燜 5 分鐘。

煮好的果醬裝瓶後，放涼再冷藏。

組合

將冰透的奶酪從冰箱取出，加入已冷藏好的果醬一起享用！

靜怡貼心話

1 水分 400 毫升配 3 片吉利丁，是我最喜歡的 Q 度，若想使用全鮮奶也行，改成優酪乳口感也不錯，若覺得太軟，可加半片吉利丁；太硬，就少半片。試看看，找出自己最愛的口感！

2 奶酪中的糖並不影響口感，不加也無妨。若沒有香草夾，可用香草精或香草粉替代，改為 1 小匙。

3 步驟 2 鮮奶液溫度大致為以手摸會燙手的程度，太燙的話冷卻後奶酪表面易結皮；溫度不夠，則吉利丁不易融。

4 蘋果可選擇青蘋果或加拉蘋果，甜度不要太高較適合。

5 果醬中的鮮奶油若使用冰的，擔心果醬成品容易油水分離，因此建議微煮保溫使用。果醬冷藏後會較凝結，稍微隔水加熱就會變液態狀。

6 製作果醬量若多一倍，則熬煮的時間也要多一倍。

夢幻橙片

餅乾點心

這是近年來很流行的貴婦級甜點，正統做法需要 8 天，是利用長時間浸泡除去橙的澀水，讓糖蜜浸潤整個橙片，冉用烤箱或乾果機將橙片低溫烘烤，一入口就充滿柑橘芳香，口感 Q 軟。

現代人工作忙碌，很少曾有那麼多的時製作，為了減輕大家的負擔，秉持著實驗精神，將所有的製作過程全部簡化，讓你利用週休二日就可以輕鬆完成！

食譜來源：
Wendy
食譜示範：
Wendy

示範影片看這裡！

份量	依個人製作需求
工具	叉子、麻將牌尺
烤箱	Dr.Goods
烤溫	上下火 100℃
烘烤時間	1.5～2.5 小時
最佳賞味期	冷藏保存 1 個月

材料

橙片

甜橙	適量
（香吉士或臍橙）	
叉子或竹籤	一個
盤子	一個
飲用水或過濾水	適量
砂糖	依橙片百分比做調整
大鍋子	一個
（需可將所有的甜橙放入且不可重疊）	

巧克力醬

非調溫巧克力	適量

做法 Step by Step

A 甜橙去澀

1 甜橙洗淨，用叉子刺穿橙皮放入鍋中。

2 將飲用水或過濾水倒入，用重物（盤子）壓在甜橙上頭，使其完全浸入水中，開始殺菁去澀過程。

Tips

殺菁去澀過程：
浸泡 1.5 小時→換水→重複綠色字的步驟 2～3 次→大火加熱→水滾後計時 4～5 分鐘→換水→重複紅色字的步驟 5～6 次→最後一次煮滾，蓋上蓋子，放置隔夜（最少 8 小時）→換水→浸泡 1.5 小時。

B 甜橙切片

3 取兩支相同厚度的長尺（或麻將牌尺），固定於桌面，寬度略大於甜橙。

4 將甜橙置於長尺中間，以切刀切出厚度約 0.6～0.8 公分的橙片。

Tips

厚度要一致，才能做出完美的橙片。

5 在鍋中撒上一層砂糖再擺上橙片，一層一層堆疊。甜橙的頭尾可以放在底層，較不易煮破。

Tips

所需砂糖為所有橙片總重量的 60～100%，請依照個人喜好調整。

6 以小火慢煮，讓所有砂糖融化變成糖漿。這個過程要費一點時間，需要有點耐性。

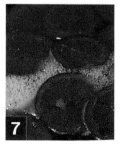

7 糖漿煮滾後，開始 20～40 分鐘的熬煮過程，熬煮中稍可微翻動橙片，讓橙片都可沾到糖漿。

Tips

翻動時要小心，以免將橙片弄破，導致成品不美。

8 熬煮時間到，熄火讓橙片浸在糖漿中做糖漬動作約 2～3 小時，過程中可用湯匙舀起糖漿淋在橙片上。

9 將蜜好的橙片鋪在置涼架上，放置 1 小時讓橙片滴多餘的糖漿。

10 放入預熱好上下火 100℃ 的烤箱中，低溫烘烤 1.5～2.5 小時。烘烤過程中，請隨時觀察橙乾燥狀況。

Tips 烘烤時，可將烤箱開小縫夾湯匙或手套，以助於散出水蒸氣。

11 成功完美的橙片，可以透光。

巧克力醬

12 將所有巧克力放入大碗中隔水加熱，直至巧克力融化。

13 完全冷卻後的橙片，先沾取一面巧克力，只要沾到橙片一半面積即可。

14 再沾取另一面。

15 濾掉多餘的巧克力。

16 沾好巧克力的橙片，放置在鋪有烘焙紙的烤盤上，待巧克力晾乾後，可以獨立包裝後冷藏。

Wendy 貼心話

橙片製作 Q&A

橙片製作其實不難，就是要花時間。如果以一般製作方式，每天或許只要花上約 30 分鐘，但天數卻要 7 天左右。很多人一忙，就忘掉蜜製的過程，而導致橙片失敗。

這個食譜利用 2 天時間，就將橙片的美味製作出來，提供給沒有時間，又想立刻品嘗橙片美味的你。

Q 甜橙刺洞可以密集一點，加快逼出它的澀味嗎？？

甜橙刺洞切勿過於密集，以免加熱時果皮破裂。

Q 倒扣盤子的目的是什麼？

目的是讓甜橙不會浮起來，完全泡到水中，同時建議使用飲用水，可降低生菌數。

Q 做殺菁有什麼特別要注意的事嗎？

做殺菁去澀時鍋子一定要大，水一定要多，甜橙絕對不能重疊，這樣才能完全去除苦澀。殺菁去澀的時間僅可增加不可減少。

Q 殺菁沒做好會怎樣？

殺菁去澀沒有做好，做出來的橙片會有麻辣苦感。如果擔心橙片的麻辣感非常明顯，請再多煮幾次，將澀水完全去除。

Q 煮出來的澀水有用嗎？

煮出來的澀水可直接當清潔劑，可用於拖地、擦桌子，對於油膩的鍋具也有很棒的清潔效果。

Q 蜜製甜橙的糖的比例為何？

砂糖的百分比建議在 60 ～ 100% 之間，可依個人口味做增加，但請勿低於 60%。

例：橙片 =500 克，使用的砂糖 =500 克 *0.6=300 克。

糖愈多，糖漬更完全，橙片做出來就愈不易苦，保存時間可以更長。我個人喜好用 75% 的砂糖量。

Q 砂糖為什麼要分層堆疊？加熱時，有什麼祕訣？

砂糖分層堆疊較容易融化，加熱時請勿翻動砂糖，以免反砂，可稍微搖晃鍋子，幫助砂糖融化，全程要以小火熬煮，千萬不可心急開中大火，以免砂糖來不及融化就燒焦了。

Q 糖漿熬煮過程要多久才能得到最佳滋味？熬煮與糖漬的目的為何？

砂糖融化後的熬煮過程至少要 20 ～ 40 分鐘，時間可以自行調整，但只可增加不可減少。熬煮過程中可稍微翻動橙片，讓橙片都可沾到糖漿，但要盡量減少翻動次數，以免橙片破裂。

至於熬煮及糖漬的目的，是為了降低讓橙片的苦味，讓糖透過熬煮及糖漬的過程，完整的透進橙片裡，減少橙片的苦味，增加甜蜜的好滋味。

Q 橙片置涼架的時間與烘烤時間有關嗎？

　　橙片放在置涼架的時間可增加，讓橙片稍微風乾可減少烘烤時間，怕招螞蟻可置於烤箱中，但記得不要開烤溫。烘烤時間請依照橙片厚薄與個人喜好口感做時間的調整，烘烤時間越短，橙片會較軟 Q 多汁，但保存時間較短；烘烤時間越長，橙片會較有嚼勁，口感類似蜜餞，保存時間較長。

Q 烘烤過程中，為什麼要注意水蒸氣的散發？

　　橙片烘乾過程中，若烤箱密封性較好，就需將烤箱開小縫夾手套，以助於散出水蒸氣，否則就得花更多時間烘烤。

Q 裝飾用巧克力有什麼建議嗎？

　　建議用非調溫巧克力，裹上甜橙後，較不容易融化。

(A) 調溫巧克力

內容物含有可可脂，一般用於蛋糕甜點調味使用，室溫容易融化，口感品質佳

(B) 非調溫巧克力

內容物含有棕櫚油，是用植物油代替可可脂所製作的巧克力，室溫不易融化，一般用於蛋糕甜點裝飾使用。

Q 週休二日有建議操作橙片的時間表嗎？

(A) 第一天

　　18:00 ～ 22:00 步驟 1 ～ 2，直到蓋上蓋子，放置隔夜（最少 8 小時）。

(B) 第二天

　　09:00 ～ 10:30 最後一次換水

　　10:30 ～ 12:00 步驟 3 ～ 7

　　12:00 ～ 15:00 步驟 8

　　15:00 ～ 16:00 步驟 9

　　16:00 ～ 18:30 步驟 10

美式燕麥果乾巧克力豆軟餅

餅乾點心

　　我小時候很喜歡這種美式軟餅，溫熱的時候吃特別好吃，它的質地有點軟，不像一般餅乾是硬脆的，配著牛奶或是可可飲一起吃，非常美味！

　　原始配方是旅居國外的親戚給我的，但外國人嗜甜，我將它改成適合台灣人的口味，製作方式不難，就是一直把材料倒進去混合而已，沒有多餘的時間做烘焙時，這是很好的選擇！

　　有時候要製作給小朋友一起吃，我就會分成兩半，一半大人要吃的添加巧克力豆，另一半給小朋友吃的只放果乾，我覺得兩種口味都好好吃哦！

食譜來源：小星星
食譜示範：小星星

份量	12 片
烤箱	水波爐
烤溫	上火 170℃ / 下火 170℃
烘烤時間	15 分鐘
最佳賞味期	5 天

材料

無鹽奶油	80 克
燕麥片	90 克
低筋或中筋麵粉	170 克
二號砂糖	30 克
黑糖粉	30 克
鹽	1/4 小匙
蔓越莓乾	40 克
泡蔓越莓的水	1/2 大匙
室溫雞蛋	1 顆
耐烤水滴形巧克力豆	40 克

A 事前準備

1

蔓越莓乾泡水，泡軟後取出瀝乾水分剁碎，泡過蔓越莓的水先留著，也可用萊姆酒浸泡。

B 餅乾麵團

2

無鹽奶油室溫放軟（手指壓下有凹痕即可），用手持電動攪拌器以高速攪打到變成乳霜狀。

3

混合好的糖及鹽加入，用手持電動打蛋器以高速攪打均勻。

4

把雞蛋打散後，蛋液分數次加入，用攪拌器改低速攪拌均勻。

Tips

此時泡過蔓越莓乾的水也可以一起加入。

5

低筋麵粉過篩後，加入燕麥片，成為燕麥片麵粉。分兩次加入步驟 4 中。

6

用攪拌刮刀或是手掌按壓材料混合均勻，避免過度搓揉或用力攪拌，使麵粉出筋影響口感。

7

粉類快混合好時，將剁碎的蔓越莓乾倒入，混合至完全均勻即可。

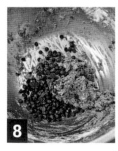

8

分成兩份，其中一份加入耐烤巧克力豆並混合均勻。

C 整型

9

將餅乾麵團先用手搓成球狀，再將麵團壓扁，放在鋪了烘焙布的烤盤上。

10

每片直徑約 7 公分左右，不需壓得太扁，餅和餅擺放間要有間距，以免膨脹後相連在一起。

D 烘烤

11

確認烤箱已達預熱溫度，放進烤箱烘烤約 15 分鐘。烤好取出置於網架上放涼。

小星星貼心話

1 如果不加黑糖，就改成二號砂糖，若改成白砂糖，比較沒那麼香，蔓越莓乾可改成其他果乾。

2 這個配方沒有添加泡打粉之類的膨脹劑，一定要確實把無鹽奶油混合鹽糖打發，餅乾口感才會好。

3 烘烤時間到，可以立即取出，也可讓餅乾在烤箱裡慢慢冷卻，如此餅乾口感會較酥。

關於小星星

一本美麗蛋糕書 開啟我的烘焙路

國中時，還不懂日文的我，卻因為一本日文家庭烘焙食譜書，種下了烘焙魂的因子。

當時對於書本裡面的美麗蛋糕、餅乾成品照驚歎不已，覺得能在家用烤箱做出這些美美的點心，實在很不可思議，沒想到，如今的我，也做到了！

媽媽是我烘焙的啟蒙老師，經過媽媽一次次手把手地教，我做出成功的巧克力戚風，當它完整、完美出現在我眼前時，那份悸動，至今仍記憶猶存。

因為在烘焙上，碰過太多失敗的例子，一旦成功了，卻又怕日後會忘記怎麼做，於是在部落格上記錄著我的經驗，這一篇篇的文章，沒想到吸引了許多同好，尤其是加入了「幸福烘培分享」社團後，交到了更多志同道合的朋友，讓我的烘焙之路，充滿喜悅。

少女時期一本美麗的蛋糕書開啟了這一切，如今，若說我能做出一些些上得了枱面的蛋糕，我得真心感謝媽媽對我的啟蒙；如果說，我能分享一些些烘焙上的心得，我得真心感謝老公全力支持；假使說，我能在這條路上，天天充滿著歡心與喜樂，我得真心謝謝每一位愛我、鼓勵我的烘友們。因為有媽媽、有老公與大家給我的正面力量，我才能在烘焙路上追尋屬於自己的夢想！

謝謝你們，希望我小小的三個簡單食譜，也能開啟你的烘焙之路！

這裡找得到小星星！

杏仁瓦片

餅乾點心

杏仁瓦片是我的小兒子最喜歡的餅乾，在他心目中，它也是我手作中的第一名。雖然杏仁瓦片非常容易，但是處女座的我非常龜毛，推一盤瓦片，可以花上半小時。當然，慢工出細活的成品，吃過的人都說讚！也成了識貨兒子的最愛！

示範影片看這裡！

食譜來源：
Cuite Wang 小姐
食譜示範：
林婷

份量	15 ～ 16 片
工具	煎蛋模
烤箱	Dr.Goods
烤溫	第一階段： 上火 150℃ / 下火 150℃ 第二階段： 上火 130℃ / 下火 130℃
烘烤時間	第一階段：12 分鐘 第二階段：至上色
最佳賞味期	2 週

材料

細糖	50 克
蛋白	40 克
鹽	1 克
無鹽奶油	15 克
低筋麵粉	10 克
杏仁片	125 克

A 杏仁瓦片糊

1 糖、蛋白、鹽放入不鏽鋼盆中。

2 利用手動打蛋器拌勻。

3 無鹽奶油隔熱水加熱融化備用。

4 過篩後的低筋麵粉加入步驟 2 中。

5 攪拌均勻至無粉粒麵糊狀。

6 續將融化了的無鹽奶油加入。

7 將麵糊與融化的無鹽奶油攪拌均勻。

8 將杏仁片加入，輕輕拌勻，避免杏仁片壓碎。

9 包覆保鮮膜冷藏半小時。

B 整型

10 用圓模、煎蛋模或餅乾模，放在鋪有烘焙烤布的烤盤上，將適量的杏仁片放入，用手或吸管、叉子均勻推薄。

C 烘烤

11 確認烤箱已達預熱溫度，放進烤箱底層，先烘烤約 12 分鐘，再將烤盤移上一層，烤溫轉低至上下火 130℃，續烤至瓦片上色均勻為止。

12 取出在烤盤上放涼後，馬上密封保存才不會受潮回軟。

146

簡
單
的
美
味

杏
仁
瓦
片

1 杏仁片可以換成南瓜子，但是南瓜子不像杏仁片那麼薄，南瓜子的分布要更仔細。

2 想要成就完美的杏仁瓦片，只能用耐心來處理它。杏仁瓦片之所以迷人，就是因為它又薄又脆的口感，如果弄得太厚，不但不容易烤熟，賣相也不會那麼好看。

3 瓦片不只能做成圓的，做成方的、星形、三角形都可以，只要把杏仁片攤得均勻，任何形狀都可以哦！

4 如果烘烤時間有限，或者臨時有事來不及烘烤完所有的麵糊，可以將瓦片麵糊置於冰箱的冷藏室，冷藏2天沒有問題哦！

5 攪拌好的杏仁片麵糊，冷藏靜置半小時的目的是為了讓麵粉與蛋白充分混合為一，透過這個過程，可製作出表面光滑並且充滿光澤的瓦片。

6 瓦片最重要就是烤色要均勻，烘烤時可以在烘烤中途調頭，也可以使用錫箔紙將已經上色的瓦片蓋住，繼續烘烤較不上色的瓦片，直到滿意的烤色為止。

7 剛烤好的杏仁瓦片軟軟的，這是正常的，只要稍微放涼後，就會變得酥脆。如果沒有立即吃完，建議放進密封罐保存，以免瓦片受潮。萬一瓦片回軟了，也只要再稍微烘烤一下即可。

關於林婷

　　踏上烘焙之路的理由很簡單，只因為有一天母親大人拿了一袋麵粉來，沒配方、沒比例，就開始在桌面上「洗麵粉」，東加西加成團後，用電鍋「烤」麵包。

　　媽媽說把我教會，她就有吃不完的蛋糕、麵包了！

　　於是，開啟了我的烘焙不歸路！卻沒想到愈做愈好玩，變成我的興趣，而且愈玩愈有自信！

　　單純的幸福滋味，在我的雙手間流轉著，在家人的心中：「我最棒！」

147

研磨咖啡牛軋糖

餅乾點心

一口咬下能嘗到咖啡原豆的香、研磨咖啡的濃、去皮杏仁豆的脆和牛軋糖的軟 Q 嚼勁，現磨咖啡的香氣在嘴裡停留很久……很久……。

想做牛軋糖又不想沖糖練鐵砂掌嗎？我把研磨咖啡牛軋糖的做法改成簡易版，只要你會打蛋白會拿鍋鏟，這款研磨咖啡牛軋糖保證你第一次做就能成功喔！

食譜來源：李韻如
食譜示範：李韻如

份量	1,500 克
工具	25×35×1.5 公分糖盤
最佳賞味期	室溫 2 週，冷藏 2 個月。

材料

無調味杏仁豆	550 克
咖啡豆	50 克
常溫蛋白	75 克
細砂糖	50 克
鹽	5 克
85 度水麥芽	540 克
日本海藻糖	190 克
蜂蜜（可用水麥芽取代）	20 克
軟化無鹽奶油	150 克
全脂奶粉	180 克
咖啡豆（磨細備用）	20 克

A 事前準備

1 先將一鍋水煮滾,將杏仁豆放入煮到再次滾開。

2 關火濾出杏仁豆擦乾。

3 將杏仁豆用手指稍微搓一下就能剝皮。

Tips

剝完皮以冷開水洗過擦乾後,於室溫陰乾,以 100℃ 烘烤 1 小時,關火燜一晚到全涼。

4 杏仁豆鋪於烤盤,以 130℃ 烘 15 分鐘,放入咖啡豆改以 100℃ 保溫備用。

5 將咖啡豆細研磨,和過篩的奶粉一起用手拌勻備用。

B 牛軋糖基底

6 蛋白、鹽和細砂糖放入鋼盆。

7 以 90℃ 熱水隔水加熱鋼盆,以手動打蛋器將蛋白打散,直至測溫為 60℃。

8 用手持電動打蛋器打發蛋白,變成硬挺的乾性發泡蛋白霜備用。

9 水麥芽、海藻糖和蜂蜜放入不沾鍋或蜂巢鍋。

10 先開小火以耐熱刮刀拌勻材料,停止攪拌開中火熬煮,直至測溫至 126℃。

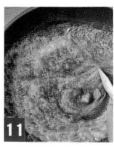

11 將無鹽奶油倒入,轉小火拌勻。

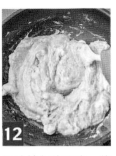

12　奶油拌勻後關火,將所有的蛋白霜加入拌勻。

Tips

牛軋糖基底示範影片在這裡!

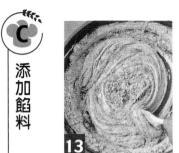

C 添加餡料

13　再將奶粉和研磨咖啡粉加入後拌勻。

14　將杏仁豆和咖啡豆倒入糖糊中,開小火拌勻關火。

D 整型

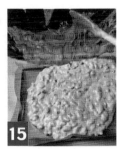

15　糖盤抹油,放上烤盤布,將完成的糖糊小心倒入糖盤中。

16　稍微震一下糖盤,讓糖均勻分布於糖盤。

E 切糖

17　等表面不黏手,蓋上另一張烤盤布,用擀麵棍擀平。不掀開烤盤布,將糖放在盤中待涼。

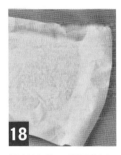

18　糖放涼後,撕開烤盤布,蓋上烘焙紙,壓上砧板後倒扣糖盤。

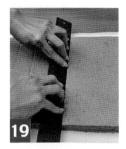

19　取走糖盤,撕開原本的烤盤布,以量尺確定切割距離。

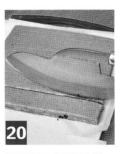

20　用糖刀先切出長條。

21　再切成小塊。牛軋糖切開後要間隔放,不然會黏住。

22　牛軋糖完成。

研磨咖啡牛軋糖 Q&A

Q 煮糖和一般做麵包、甜點不同，要準備哪些必備品？

一旦開始學煮糖，要固定三樣東西：鍋子、測溫計和水麥芽，這三樣東西決定糖的硬度，測溫計建議是電子版才方便好用，水銀式的建議有金屬架保護的較佳。

鍋子：口徑大小、受熱快慢，與瓦斯爐的距離，都和水分散失有關，也是左右煮糖成品好壞的要素之一。

測溫計：測溫計會有誤差值，不僅不同廠牌有誤差，就算同廠牌也會有誤差，就像同廠牌的烤箱也會有溫差一樣。

水麥芽：水麥芽品牌不少，如果混了兩種廠牌的水麥芽，含水量不同，溫度就算煮到一樣，硬度也會不同。

Q 煮糖的糖漿溫度是幾度呢？

如果是採用義式蛋白霜做法，糖漿溫度要在 130℃ 以上；採用瑞士蛋白霜做法則在 130℃ 以下；不選用蛋白霜做法的糖果（如芝麻糖或太妃糖），糖漿溫度則在 110℃ 左右。每一種糖果配方的溫度都不一樣，與液體糖、固體糖、含水量，材料結合的方式和使用的工具有關，沒有一定的溫度。

書中的「研磨咖啡牛軋糖」則是以瑞士蛋白霜做法，所以糖漿溫度控制在 130℃ 以下。書中食譜建議的溫度為 126℃，但若是夏天製作，建議可以往上加 2℃（128℃）；在冬天製作則減 2℃（124℃）。

做糖果每個人的口味不同，口感也不同，冬天夏天的溫度隨著糖的降溫速度，口感會有差異，沒有絕對值喔！

Q 什麼是瑞士蛋白霜？

蛋白霜是烘焙上常見的用途，基本材料為蛋白及糖，依做法不同分為法式、義式及瑞士蛋白霜三種。

法式蛋白霜做法簡單，只需蛋白中加入砂糖打發即可，常見於各種烘焙食譜書。

義式蛋白霜得先將砂糖加水，煮成 118℃ 糖漿後，加入濕性打發的蛋白霜中，打到具光澤的蛋白霜。

瑞士蛋白霜做法則是先將蛋白加入砂糖攪拌後，以隔水加熱方式加溫，再用電動打蛋器，先以中高速先將蛋白打發，到達濕性發泡後轉中速，再轉低速打出光澤。

因為瑞士和義式蛋白霜黏性強，口感綿密，因此製糖多採用兩種方法。

Q 怎樣判斷糖漿煮好了？

　　煮好糖，可以拿兩個冷凍冰派盤，將糖漿滴上去，蓋上另一個冰派盤，讓糖迅速降溫，之後用手捏捏看硬度，但這方式是只限關火即成品的糖能這樣測，如果像南棗核桃糕之後還要加許多材料拌合，這個方式就是行不通的。

Q 糖做好後要怎麼處理？

　　糖果切好要盡快密封包裝，不然表面會結水氣受潮。

Q 一定要把杏仁豆的皮去掉嗎？

　　無調味杏仁豆生的熟的都可製作，剝皮能夠去澀，不剝皮可以直接跳過步驟 1～3。

關於韻如

烘焙，讓家更有凝聚力！

　　在婚後，我離開了從事多年的產品設計師工作，從職場女強人變成相夫教子的家庭主婦，接著女兒因為重大疾病住院休學，我的人生突然掉進了黑暗的谷底，費盡力氣也完全找不到出口。

　　為了幫助女兒恢復健康，我研究食材和書籍，努力學習烘焙，在過程中，看著成品一天天出爐，手藝一天比一天進步，我不只找回失去已久的成就感，肯定自我的存在感與價值，女兒的身體也因而慢慢康復，不需要再每週跑醫院，讓我覺得踏入烘焙，是最正確不過的事。

　　後來因為加入「Jeanica 幸福烘培」社團，認識了一群志同道合的朋友們，彼此學習、互相鼓勵，生活也因此變得豐富而多采多姿，家中隨時飄著麵包甜點的香氣而更有凝聚力。

　　感謝我的家人們無條件的支持我，感謝社團的朋友們給我無限的勇氣，讓我在烘焙的世界中持續成長，僅以 3 個食譜，獻上我無限的祝福，希望每個踏入烘焙的你，都能找到自己的成就感！

蔓越莓 Q 餅

餅乾甜點

曾有社員在「Jeanica 幸福烘焙分享」社團中分享這份食譜，我對它十分好奇，因而詢問是否可以分享食譜？好心的管管（邱嘉慧）將食譜私訊給我，試做之後，發現成品甜到讓我卻步。因而重新研發，才有了劉曉靜的「蔓越莓 Q 餅」，僅將此食譜獻給管管，感謝她無私的分享。

食譜來源：劉曉靜
食譜示範：劉曉靜

份量	依個人切塊大小
工具	22×22×4.5 公分烤盤
最佳賞味期	常溫狀態下，賞味期 20 天。

材料

奇福餅乾	225 克
飛機餅乾	225 克
棉花糖	280 克
無鹽奶油	100 克
奶粉	100 克
乳酪粉	20 克
蔓越莓	180 克

A 事前準備

1 將兩種餅乾對半摺後，混合均勻。

2 蔓越莓剪成小塊備用。

B Q餅餅乾體

3 將無鹽奶油放入平底鍋中。

4 瓦斯爐開小火讓奶油全部融化，並讓奶油液沾滿平底鍋四周。

5 將棉花糖倒入平底鍋中。

6 以耐熱棒將奶油和棉花糖融合為一。

7 繼續將蔓越莓倒入平底鍋中，攪拌均勻。

8 再將奶粉、乳酪粉倒入。

9 持續攪拌至完全看不到粉類。

10 將全部的餅乾倒入後熄火。

11 以攪拌刮刀將所有材料拌勻，此時材料很黏，需要花點耐心及時間。

C 整型

12 烤盤鋪上烘焙紙，另外再準備一塊烘焙布備用。將拌勻的Q餅倒入烤盤上。

13 用烘焙布將Q餅略微壓平，平均分布在整個烤盤上。

14 將餅乾體連同烘焙紙一起自烤盤取出，以手在餅乾體四周整型。

D 分切

15 餅乾體固定後，常溫靜置約2～3小時，再切成適當大小裝進餅乾袋中。

曉靜貼心話

蔓越莓Q餅製作常見Q&A

Q 一定要用奇福餅乾及飛機餅乾嗎？

不一定，也有人用數字餅乾、消化餅、狗骨頭餅乾，都可以使用。除了蔓越莓外，也有人加上南瓜子、杏仁片、核桃等堅果，也很好吃。

Q 一定要加奶粉嗎？

是的，粉類可以幫助食材凝固，不建議拿掉哦！而且加了奶粉比較香呢！

Q 食材都黏黏的，要怎麼做才容易整型？

製作這款餅乾，最大的麻煩就是黏。實驗多次，我覺得利用烘焙紙鋪底，用薄的烤盤布整型最為順手。因為烤盤布不會黏、可以洗、可重複使用，個人非常推薦。另外，使用不沾鍋、飯匙都是不錯的工具。有些人則是用塑膠袋摸油整型，或是戴手套，也都可以哦！

Q 攪拌食材時，有什麼小撇步嗎？

我個人建議，熄火後攪拌要快速，以免棉花糖變冷後難以攪拌或攪拌不均。也有網友分享，若是將混合好的餅乾放進烤箱以低溫烘烤（類似保溫的概念），在與棉花糖混拌時，就會因為食材溫度相同而混拌容易許多，同時在整型時，也較容易攤平。

Q 餅的厚度要多少才好呢？

整型後放在室溫約2～3小時再切，會比較不黏，成品尺寸可依個人需求切成適當大小，壓成薄薄的一片切成大塊，或壓厚一點，切成小塊，青菜蘿蔔各有喜好。

柚香牛粒

餅乾甜點

牛粒的味道單純，每一次做，都能勾起幼時滿滿的回憶，在那物質缺乏的年代，能吃到一口牛粒，真的是很奢侈的事。

在夾餡中打入韓國柚子果醬，咬下去時柚子的香氣滿滿的，很幸福。

食譜來源：神老師
食譜示範：神老師

份量	約 50 個
工具	在 A4 紙上印上直徑 3 公分圓形，間距大一點。
烤箱	中部電機
烤溫	上火 150℃ / 下火 170℃
烘烤時間	12 分鐘
最佳賞味期	常溫 3 天

材料

餅乾體		夾餡	
全蛋	2 顆	發酵奶油	100 克
蛋黃	4 顆	韓國柚子果醬	適量
鹽	1/4 小匙		
糖粉	130 克		
低筋麵粉	180 克		

做法 Step by Step

A 餅乾體

1 將室溫的全蛋和蛋黃打進立式攪拌器的攪拌缸內,加入所有糖粉及鹽。

2 立式攪拌機以球狀攪拌器攪打,直到攪拌器拿起來蛋糊不易滴落。

Tips

3 取多一點的蛋糊,在蛋糕糊表面畫8字不會馬上沉入,就是完美的蛋糊。

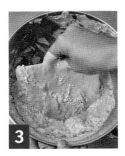

3 將所有過篩過的低筋麵粉倒入,用半圓形軟刮板由下往上翻攪,不要攪拌過度,只要看不見粉粒就好。

B 整型

4 在烤盤上鋪上烘焙紙,紙下放上畫有直徑3公分圓形的A4紙。

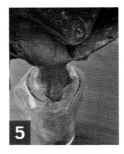

5 把蛋糕糊裝在擠花袋裡。

6 在烘焙紙上擠上3公分圓形麵糊。

7 用細網在麵糊上篩上糖粉兩輪。

C 烘烤

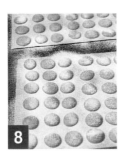

8 確認烤箱已達預熱溫度,放進烤箱底層烘烤約12分鐘,即可出爐。

D 夾餡

9 將發酵奶油打發,拌入韓國柚子果醬即可。

E 組合

10 取一片牛粒,加上適量夾餡。

再取另一片牛粒蓋
上即可。

柚香牛粒完成。

神老師貼心話

1 建議使用半圓形軟刮板，不要使用攪拌刮刀。軟刮板面積大，翻拌麵糊不會使麵糊消泡；攪拌刮刀面積小，一攪拌就會劃破麵糊而消泡。

2 表面烤到微微上色就好，烤好夾完內餡，要裝封口袋封好，放冰箱或乾燥包。一般說來，牛粒常溫最佳賞味期為 3 天，但若天氣太熱，則內餡易融化，若冷藏則回溫再食用。

關於牛粒

牛粒的由來　文 / 編輯部

　　有「台式馬卡龍」之稱的「牛粒」，對於四、五年級生來說，是小時候麵包店裡賣的「小西點」，這幾年應該是法式「馬卡龍」紅遍天，大家才開始把這種外表大小和「馬卡龍」相似的「小西點」，稱之為「台式馬卡龍」，應該有希望帶動商機的期望吧！

　　不過實際上，「馬卡龍」和「小西點」還是有很大的差異。「馬卡龍」是用糖、杏仁粉和蛋白打成，「小西點」則是全蛋打發的「糕餅」。

　　「小西點」和「牛粒」有什麼關係呢？「牛粒」由來已不可考，有人說是來自法文「biscuits à la cuillère」，也就是烘焙小西點（如此不難想像為什麼這點心一開始會被叫做「小西點」），取其最後一個單字「cuillère」的直譯成台語發音「gû-lik（牛力）」。

　　但無論是被稱之為「台式馬卡龍」還是「牛粒」都無所謂，最重要的是這款點心，好做又好吃，一定要試看看哦！

茶香鳳梨酥餅

餅乾甜點

鳳梨酥的味道讓人回味無窮，在鳳梨酥的皮加上茶粉，少了甜膩，多了分回甘的茶香。

我喜歡吃鳳梨酥，卻擔心鳳梨酥的熱量和甜膩，這茶香鳳梨酥，剛好可以讓我解饞又沒有負擔。

食譜來源：神老師
食譜示範：神老師

份量	約 63 個
工具	餅乾壓模
烤箱	中部電機
烤溫	上火 170℃／下火 150℃
烘烤時間	25 分鐘
最佳賞味期	置於保鮮盒約一週

材料

餅乾體

無鹽奶油	240 克
糖粉	140 克
低筋麵粉	450 克
杏仁粉	25 克
全蛋 1 顆（約 55～60 克）	
帕馬森起司粉	25 克
紅茶粉或伯爵茶粉	15 克

內餡

土鳳梨餡	160 克
一般的鳳梨餡	160 克

做法 *Step by Step*

A

餅乾麵團

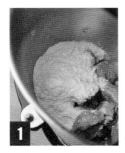
1
無鹽奶油先置於室溫回 10 分鐘，切小塊後加入糖粉，放入立式攪拌機的攪拌缸中。

2
用槳形攪拌器以中速打到奶油變白，確認沒有結塊，要把缸邊和攪拌棒上的奶油刮下，加入打勻。

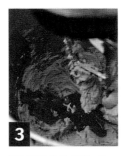
3
將室溫的全蛋加入，一起打勻。

4
將所有餅乾材料的粉類加入，轉慢速將材料攪拌均勻。

6
餅乾麵團自攪拌缸取出，分割成每 15 克一個的圓麵團。

B

鳳梨餡

7
將市售的土鳳梨餡及一般鳳梨餡混合均勻，每 5 克一顆搓圓。

C

組合

Tips
8
將餅乾麵團壓扁。

8
放入一顆鳳梨餡。

8
先將餅乾麵團略包成三角形樣子。

9
再用整個麵團將內餡包裹起來。

10
將餅乾麵團滾圓。

11
將已經滾圓的餅乾麵團，整齊置於烤盤上。

11 用壓模將餅乾麵團壓扁。

12 確認烤箱已達預熱溫度，放進烤箱中層烤約 25 分鐘，出爐後置涼。

神老師貼心話

茶香鳳梨酥餅 Q&A

Q 一定要用伯爵茶嗎？可以用別款茶葉嗎？一定要用茶粉嗎？

建議茶葉的味道選重一點的，例如伯爵、鐵觀音等，會比較香。茶葉可以用研磨機打細後再加入，口感比較好。家中若沒有研磨機，就只能選擇茶粉來製作。

Q 餅乾麵團攪打過程，有什麼注意事項？

加入粉類後，只要攪拌均勻就好，不要過度攪拌，以免出筋讓餅乾口感變差。

Q 只能用市售鳳梨餡嗎？

鳳梨餡當然可以自製，只是要花時間而已，但是風味一定更好！自製土鳳梨餡一次打多一點，用不完可以冷藏，喜歡酸甜口感的可以全部用土鳳梨餡。

Q 內餡可以換嗎？

如果要鳳梨酥的味道重一點，可以把茶葉拿掉，換成起司粉，滋味也很棒！

Q 家中如果沒有杏仁粉怎麼辦？

這裡使用的是一般杏仁粉，杏仁粉可以增加香氣，如果沒有，可以換成低筋麵粉或起司粉。

Q 我用老師的烤溫出來不酥怎麼辦？

即使是同款烤箱，烤溫都會有差異，因此烤溫和烘烤時間，請視各家烤箱做調整。

焦糖烤布丁

餅乾點心

焦糖烤布丁是家人最喜歡的甜點，
入口即化、香甜不膩口的布丁，
不管大人小孩都想來一杯！
一到夏天就是冰箱裡必備的消暑聖品！

食譜來源：
焦糖液食譜參考《最基礎而完美的糕點配方》/河田勝彥著
食譜示範：
蔡雅雯

示範影片看這裡！

份量	8 個（200 毫升／個）
烤盤	42×34×3 公分
烤箱	烘王
烤溫	上火 160℃／下火 150℃
單一溫度烤箱	155℃
烘烤時間	40 分鐘
最佳賞味期	冷藏 5 天

 材料

布丁液

鮮奶	1000 克
鮮奶油	150 克
全蛋	385 克（約 7 顆雞蛋）
蛋黃	60 克（約 3 顆蛋黃）
細砂糖	110 克
香草莢 1 支（或香草精少許）	

焦糖液

細砂糖	120 克
冷開水	40 克

做法 Step by Step

1
將細砂糖倒入單柄鍋，以中火加熱。

2
待細砂糖開始起泡後，輕輕搖晃鍋子使砂糖均勻融化。

3
等砂糖顏色呈現琥珀色後，離火。若焦糖的顏色太深，口感會帶苦味。

4
立刻加入冷開水使其融化，請注意，加入冷開水時容易噴濺，請特別小心不要燙傷。

5
再用湯匙攪拌均勻即可。

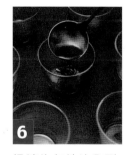
6
迅速均勻地注入耐熱烤杯中備用。

B 布丁液

7
香草莢剖開取出香草籽備用。

8
將鮮奶、細砂糖及香草籽放入厚底鍋中，以小火加熱（勿超過60°C）至砂糖融化。

9
將全蛋、蛋黃及鮮奶油倒入另一深鍋中，用打蛋器輕輕將蛋液均勻打散混合。

Tips
這個動作要輕盈，盡量不要打入空氣，布丁口感才會滑順，不會有空洞氣泡。

10
將步驟 8 的鮮奶慢慢倒入步驟 9 的蛋液裡，並且一邊倒一邊輕輕攪拌，成為均勻的布丁液。

11
使用較細的篩網將布丁液過濾兩次，讓布丁口感更滑順。如使用香草精，請在過篩後加入，並輕輕攪拌均勻即可。

烘烤

12 用小鋼杯將布丁液倒入裝有焦糖的烤杯中。

13 在烤杯上蓋一層鋁箔紙，避免布丁表面結皮。

14 擺放在有深度的方型烤盤裡，加入約40℃的溫水約1.5公分高，用蒸烤的方式烤布丁。

15 確認烤箱已達預熱溫度，放進烤箱烘烤約40分鐘，出爐後放涼，置於冰箱冷藏至少2小時，待布丁涼透即可享用。

Tips

確定布丁蒸烤完成方法，是用湯匙輕輕碰觸表面，若沒有沾黏即表示已烘烤完成。

16 冷藏過後的成品，連同容器浸泡熱水約20秒，再用手指輕輕按壓邊緣，使空氣進入布丁與容器中，再倒扣在盤子上即可。

雅雯貼心話

1 攪拌過程中請盡量避免將空氣拌入，並使用網目較小的篩網過濾，才能做出入口即化，口感滑順的焦糖布丁。

2 雞蛋有受熱凝固的特性，且約在80℃時完全凝固，因此急驟的溫度變化或烘烤時間太長都會造成氣孔產生，製作時利用隔水加熱產生的水蒸氣讓布丁慢慢受熱，才能烘烤出滑順口感的成品。

烘焙，讓我找到成就感！

在接觸烘焙之前，我的生活除了上班工作之外，下了班還得面對各式各樣的生活瑣事，

一度以為我的人生大概就是要這樣平平淡淡過一輩子了。

我是個熱愛美食的人，尤其女生更愛這些精緻漂亮的甜點蛋糕，每每經過蛋糕店櫥窗前，總會忍不住進去拎一大袋回家！

就在 2014 年某一天，我的姊姊拿了一本食譜書對我說：「妳那麼喜歡這些甜點麵包，為什麼不自己試試看，挑戰看看呢？這書上的食譜都是專門為初學者或零經驗的人設計的，妳可以的！」於是，在好強的個性驅使下，我真的開始玩烘焙！

從免揉麵包開始循序漸進到能烤出漂亮又可口的蛋糕捲，這中間有失敗、有挫折，還好我有非常支持我的家人陪伴，不管烤出來的成品是美味或失敗，他們總是不斷稱讚，一直替我加油！

現在下了班，我最愛待在廚房，揉個麵團、烤個蛋糕、做個布丁、弄個泡芙，逢年過節，烤個蛋黃酥、鳳梨酥，已經是信手拈來的事，不僅自己愛做，親朋好友也愛吃，更加激起了我的烘焙魂！

我想我會一輩子熱愛烘焙，因為烘焙，讓我找到我的成就感；因為烘焙，讓我看到家人滿足的笑容。

因為烘焙，讓我對自己有信心。

關於蔡雅雯

嘉慧管管
試吃心得分享

關於小黑炭曲奇 P.113

喜餅禮盒常見的曲奇餅乾,加上糖果眼睛,彷彿活了起來!由於巧克力餅乾顏色深黑,也為了避免糖果眼睛融化,要小心提防烤溫過高,採低溫長時間烘烤,如果買不到糖果眼睛,善用白巧克力與小小巧克力豆,一樣有可愛的效果。

關於感恩焦糖千層酥 P.117

材料取得容易,但是眉眉角角的細節很多,看似簡單,做了才知道老師的厲害。團購熱賣商品,感謝老師無私分享教學。

關於可愛獅子餅乾 P.123

基礎的五種材料,構成餅乾麵團,透過老師的巧手,加上低溫長時間的烘焙烤熟餅乾,卻不會過度上色,更顯現作品的可愛。

關於蜂蜜桂圓核桃派 P.127

相同材料,我們也可以做成一口大小的小塔,烘烤時間短,甜度不高,又有養生概念,是送禮的絕佳選擇。

關於義式鮮奶酪 P.131

消化開封鮮奶油最快的方式,莫過於製作冰涼可口的鮮奶酪,軟硬適中的口感,搭配老師精心製作的焦糖蘋果醬,風味層次與一般市售商品截然不同。

關於夢幻橙片 P.135

烘焙社團風靡一時的橙片製作,當時帶起一股風潮。耳聞高級甜點店一片橙片要價不扉,婆媽們開始認真學習這道高級點心。有感於主婦的時間有限,所以 Wendy 老師實驗出濃縮版的夢幻橙片製作方式,與大家分享。

關於美式燕麥果乾巧克力豆軟餅 P.141

管理員很愛的餅乾款式,以老師提供的基礎餅乾麵糰,還可以變換出許多客製化的口味,強烈建議拌入剪小塊的棉花糖,超好吃!

關於杏仁瓦片 P.145

各大社團一定會出現的瓦片,除了杏仁片,也可以改成杏仁角,南瓜子,帶皮杏仁片。如果很忙碌,也不要太拘泥於造型,全部的杏仁片麵糊在烤盤上推薄,烤熟,趁熱用披薩滾輪刀切成片狀,待涼就是酥脆又大氣的杏仁薄片餅乾,快又方便。

關於研磨咖啡牛軋糖 P.149

用料大方,香濃可口,不黏牙,值得學習!糖的溫度,決定它的硬度!小心操作,一定能得到迷人好吃的成品。

關於蔓越莓 Q 餅 P.155

社團最轟動的商品,關鍵在於不需使用烤箱,材料好變化,鹹甜交織,軟硬適中,特別受到長輩小孩歡迎。對於賣家來說,製作時間短,可以快速出貨,也是它的優點。拚的就是口味的差異,和甜度的調整了!

關於柚香牛粒 P.159

蓬鬆可愛,入口輕盈,細密的糖粉層層灑上,吸收多餘水分,讓麵糊表面形成脆皮糖衣,小小的裂痕,有手作的自然感。

關於茶香鳳梨酥餅 P.163

常有讀者詢問,沒有鳳梨酥模型怎麼辦?餡料用剩了,怎麼辦?這時候就可以利用這個配方,做出口味不輸鳳梨酥的好吃點心。

關於焦糖烤布丁 P.167

看似簡單,其實每個過程都十分細膩,堪稱必學的一道甜點。

Cook50168

幸福烘焙的第一本書

臉書社團按讚破千食譜精選、社員瘋狂跟做，
網路接單熱門商品、小資創業必學清單！

作者	Jeanica 幸福烘培分享
攝影	徐榕志
美術設計	許維玲
編輯	劉曉甄
行銷	石欣平
企畫統籌	李橘
總編輯	莫少閒
出版者	朱雀文化事業有限公司
地址	台北市基隆路二段 13-1 號 3 樓
電話	02-2345-3868
傳真	02-2345-3828
劃撥帳號	19234566 朱雀文化事業有限公司
e-mail	redbook@ms26.hinet.net
網址	http://redbook.com.tw
總經銷	大和書報圖書股份有限公司 （02）8990-2588
ISBN	978-986-95344-3-7
初版七刷	2018.05.
定價	380 元
出版登記	北市業字第 1403 號

國家圖書館出版品預行編目

幸福烘焙的第一本書：臉書社團按讚破千
食譜精選、社員瘋狂跟做，網路接單熱門
商品、小資創業必學清單！／Jeanica幸
福烘培分享 著；——初版——
臺北市：朱雀文化，2017.11
面；公分——(Cook；50168)
ISBN 978-986-95344-3-7(平裝)
1.點心食譜
427.16   106020173

About 買書

●朱雀文化圖書在北中南各書店及誠品、金石堂、何嘉仁等連鎖書店均有販售，如欲購買本公司圖書，建議
你直接詢問書店店員。如果書店已售完，請撥本公司電話（02）2345-3868。

●●至朱雀文化網站購書（http：//redbook.com.tw），可享 85 折優惠。

●●●至郵局劃撥（戶名：朱雀文化事業有限公司，帳號19234566），掛號寄書不加郵資，4 本以下無折扣，
5～9 本 95 折，10 本以上 9 折優惠。